Die Theorie der Gewichtsstaumauern

unter Rücksicht auf die neueren Ergebnisse
der Festigkeitslehre

Von

Dr.-Ing. K. Kammüller

Privatdozent an der Technischen Hochschule
in Karlsruhe

Mit 25 Textabbildungen

Berlin
Verlag von Julius Springer
1929

ISBN-13: 978-3-642-89927-0   e-ISBN-13: 978-3-642-91784-4
DOI: 10.1007/978-3-642-91784-4

Friedrich Engesser

in dankbarer Verehrung

gewidmet

Vorwort.

Der gesunde technische Fortschritt geht wohl ausnahmslos von Männern aus, die mit einer praktischen Veranlagung, oder schärfer ausgedrückt, einem guten Vermögen, die physikalische Gegebenheit richtig zu beurteilen, den Blick des Theoretikers verbinden, die innere Schau, die den Einzelfall des zufälligen Beiwerks entkleidet, in weiten Zusammenhängen und Gesetzmäßigkeiten zu erblicken vermag.

Diese glückliche und für den Ingenieur so wichtige Vereinigung der praktischen und theoretischen Veranlagung ist leider in Wirklichkeit nicht sehr häufig anzutreffen. Die Theoretiker und Praktiker stehen sich im Gegenteil eher in zwei Lagern gegenüber, die sich in ihrer ganz anders gearteten Geistesrichtung und Denkweise fremd sind und die notwendige gegenseitige Befruchtung sehr stark vermissen lassen. Der Theoretiker kann in der Tat für die Vorstellungen und Methoden, deren sich der Praktiker bedient, mit Recht oft nur ein Lächeln übrig haben; andererseits verliert er in der einseitigen Verfolgung seiner mehr aufs Mathematisch-Formale gerichteten Gedankengänge leicht die Grenze aus dem Auge, von der ab die vielgestaltige physikalische Gegebenheit sich dem Schema seiner Begriffe entwindet und seine Schlüsse falsch werden. Es gibt auf fast allen Gebieten der Technik Beispiele, wo der technische Fortschritt durch das Gewicht, das sich mit dem Namen eines bedeutenden Theoretikers verband, aufgehalten und gehemmt wurde.

Auch in der Statik der Gewichtsstaumauern läßt diese gegenseitige verständnisvolle Befruchtung von Theorie und Praxis noch manches zu wünschen übrig. Es ist in den letzten Jahrzehnten von unseren bedeutendsten Theoretikern auf diesem Gebiet viel wertvolle Forscherarbeit geleistet worden, aus der die Praxis noch keine Förderung gezogen hat. Es ist aber auch hier für den Praktiker nicht ohne Reiz zu sehen, wie da und dort ein mit großem theoretischen Aufwand abgeleiteter Schluß doch recht weit von der Wirklichkeit vorbeigetroffen hat.

Die vorliegende Arbeit ist aus den Bedürfnissen der Praxis heraus entstanden und für den entwerfenden Ingenieur geschrieben. Ihr Ziel ist, die wertvollen Ergebnisse der theoretischen Forschung in ihrem physikalischen Gehalt klar und in einer Form herauszustellen, die ihre Verwertung für die Praxis erleichtert und so auf einem kleinen Teilgebiet wenigstens die Brücke schlagen zu helfen, über die hin dann die fruchtbare und notwendige Beeinflussung von Theorie und Praxis zu erfolgen vermag.

Wenigen Männern ist die glückliche Doppelgabe des gesunden praktischen Verstandes, verbunden mit dem klaren Blick des Theoretikers, in solchem Maße beschieden, wie Friedrich Engesser, und wenn ich diese Arbeit ihm widme, so geschieht es, um ihm für die reichen Anregungen, die ich aus seinen Schriften empfangen durfte, einen kleinen Teil des schuldigen Dankes zurückzuerstatten.

Karlsruhe i. Ba., im Dezember 1928.

Dr.-Ing. K. Kammüller.

Inhaltsverzeichnis.

Einleitung.

Die Probleme.

Unter den verschiedenerlei Arten der Talsperrenbauten — vom einfachen geschütteten Damm bis hin zu der kunstvollen, in Gewölben aufgelösten Sperre — nimmt die Schwergewichtsmauer eine bevorzugte Stellung ein, die ihren Grund hat in ihrem statisch besonders leicht zu durchschauenden Aufbau. Sind doch in früheren Zeiten und auch noch heute die meisten Mauern mit dem allereinfachsten statischen Aufwand berechnet worden, und sie haben, allerdings auch dank einer gewissenhaften, besonders in Deutschland auf die Ausführung verwendeten Sorgfalt, ihren Dienst fast ausnahmslos getan.

Wenn man indessen die auftretenden Kräfte und Spannungen näher verfolgt, so trifft man doch bald auf manche Fragen, deren Beantwortung nicht so ohne weiteres auf der Hand liegt, und von denen einige trotz mancher Untersuchungen eine endgültige Klärung noch nicht gefunden haben.

Unter diesen Fragen steht das Problem des Unterdrucks seiner unmittelbaren praktischen Bedeutung nach mit an der Spitze. Der Unterdruck, die Druckwirkung des in die Mauer eingepreßten oder unter ihr durchsickernden Wassers, ist eine äußere Kraft, und die große Unsicherheit, mit der man ihr gegenübersteht, ist um so peinlicher, als die anderen äußeren Kräfte, Eigengewicht und äußerer Wasserdruck, mit einer sonst beim Bauwesen selten vorhandenen Exaktheit gegeben sind.

Vorwiegend theoretisches Interesse hat sodann die Frage, wie weit ist die ohne Beweis angenommene geradlinige Spannungsverteilung in einer horizontalen Fuge richtig, d. h. wie weit ist sie in Wirklichkeit zu erwarten, wie weit steht sie mit den strengen Forderungen der Elastizitätstheorie in Einklang. Damit im Zusammenhang steht dann zunächst die Frage, wie sich die Schubspannungen über den Querschnitt verteilen und welche Bedeutung ihnen überhaupt für die Standsicherheit zukommt. Auch das Gesamtbild der Spannungen, die Verteilung der Hauptspannungen nach Richtung und Größe ist nicht ohne Interesse.

Neben diesen Fragen, die die Fachwelt schon seit längerer Zeit beschäftigen, ist in den letzten Jahren eine weitere für die Praxis von Interesse geworden, die Frage nach der Beurteilung des Anstrengungsgrades, der Bruchgefahr des Mauerwerks. Der bei den neueren Großsperrenbauten verwendete Gußbeton bietet in ganz anderem Maß als früher die Möglichkeit, sich mit der Güte des verwendeten Materials den Beanspruchungen des Mauerkörpers anzupassen und sich so dem Ideal des technisch rationellsten und vom Kostenstandpunkt aus billigsten Bauwerkes, eines Mauerkörpers mit in allen Teilen gleicher Bruchsicherheit zu nähern. Theoretisch anzustreben ist es also, in den Mauerquerschnitt Kurven gleicher Anstrengung einzutragen, und sich, soweit es die praktische Ausführung zuläßt, mit der Güte (d. h. dem Zementgehalt und der Kornzusammensetzung) des verwendeten Gußbetons diesen Kurven anzupassen. In der Praxis ist man bisher dieser rationellen Bauart, die also in einer genügend weiten Abstufung der Betonqualität besteht, noch recht wenig nahe gekommen; auch in der Literatur hat die Behandlung dieser Frage noch kaum Raum gefunden. Ein Grund hierfür ist der, daß die Beurteilung der Anstrengung des Materials, also der Bruchgefahr, die theoretisch und praktisch in gleicher Weise das größte Interesse verdient, noch sehr umstritten ist. Die praktischen Bruchversuche beschränken sich fast durchweg auf den einfachen einachsigen Spannungszustand, bei dem das Material nur in einer Richtung auf Zug oder Druck beansprucht wird. Beim Staumauerkörper handelt es sich jedoch zunächst um einen ebenen zweiachsigen Spannungszustand, und so entsteht dann die Frage, wie dessen Bruchgefahr auf Grund der aus den einachsigen Festigkeitsversuchen bekannten Eigenschaften des Materials zu beurteilen ist. Erst danach lassen sich dann über den Querschnitt die Kurven gleicher Bruchgefahr oder gleicher Anstrengung einzeichnen und so die Unterlagen für die rationelle Materialausnutzung gewinnen.

Die bis jetzt berührten Fragen verlangen zu ihrer Betrachtung nur einen isoliert herausgegriffenen Querschnitt des Mauerkörpers, sie beschränken sich auf das ebene Spannungsproblem, und stehen insofern in einem gewissen inneren Zusammenhang miteinander. Nicht minder wichtig sind zur Zeit zwei weitere Probleme, bei denen von einer Auffassung des Mauerkörpers als räumliches Gebilde, das ich bogenförmig oder gerade nach den Seiten erstreckt, nicht abgesehen werden kann. Das erste betrifft die **Größe der Bogenwirkung,** bei welchen Abmessungen und bis zu welchem Grade ist eine bogenförmige Anordnung überhaupt zu empfehlen. Daß sich hierüber ein einwandfreier Entscheid geben läßt, ist nicht anzunehmen, immerhin sind für eine analytische Behandlung der Frage durch die Arbeiten von **Ritter, Résal, Stucky** und **Jouillard** u. a. über Bogensperren die Wege schon etwas geebnet.

Eine größere praktische Bedeutung hat zur Zeit für die modernen Gußbetonbauten die Frage nach dem **zweckmäßigen Abstand der Dehnungsfugen.**

Damit sind die theoretischen Fragen, die sich beim Entwurf von Gewichtsstaumauern ergeben, kurz skizziert, und es soll in der folgenden Darstellung versucht werden, sie zusammenhängend und in einer für die Bedürfnisse des praktischen Ingenieurs angepaßten, anschaulichen Art zu behandeln. Von der Untersuchung der Bogenwirkung soll allerdings abgesehen werden, da eine allgemeine Lösung zu große Schwierigkeiten bietet, und außerdem bei den modernen, durch Dehnungsfugen in einzelne Blöcke aufgelösten Sperren auch keine große praktische Bedeutung hat.

I. Der Unterdruck.

Die Auffassung Levys. Bis gegen Ende des letzten Jahrhunderts berechnete man die Sperrenkörper in einfachster Weise aus den exakt gegebenen äußeren Kräften, dem Wasserdruck und dem Eigengewicht, nach der Trapezregel und der Regel vom mittleren Drittel. Bis dann die Katastrophen bei H'Abra und Bouzey einen mächtigen Anstoß boten, die Berechtigung der theoretischen Auffassung gründlichst nachzuprüfen und auch praktischen Fragen, wie der Gründung, erhöhtes Gewicht beizulegen. Damals kam man auch zum erstenmal auf den Gedanken, daß der Druck des unter der Mauer durchsickernden Wassers sehr zur Umsturzgefahr beitragen könnte. Die Frage des Unterdrucks war aufgegriffen, und es ist nicht erstaunlich, daß man ihr unter dem ersten Eindruck dieser neuen Erkenntnis und angesichts der schweren Katastrophen ein Gewicht beilegte, das weit über das ihr zukommende Maß hinausging. Moritz Lévy, der über den Talsperrenbau eine Reihe praktisch und theoretisch bedeutungsvoller Arbeiten veröffentlichte und in Frankreich in hohem Ansehen stand, schlug vor, den Mauerkörper so zu bemessen, daß auf der Wasserseite bei vollem Becken immer noch eine Druckspannung vorhanden ist, die dem hydrostatischen Druck gleichkommt. Dem Wasser wird hierdurch die Möglichkeit genommen, etwa bestehende Risse zu erweitern. Diese Maßnahme allein würde die Standfestigkeit unbedingt gewährleisten. Aber Lévy wollte noch mehr für die Sicherheit getan haben. Der auf diese Art schon durch sein vermehrtes Gewicht gesicherte Mauerkörper sollte überhaupt praktisch den Auftriebswirkungen entzogen werden. So empfahl Lévy weiterhin eine gründliche Sohlenentwässerung, ferner schlug er seine Schutzwand vor, um das Wasser vom eigentlichen Mauerkörper ganz abzuhalten. Vor die Mauer soll auf die ganze Ausdehnung eine lotrechte Wand gestellt werden, die nur durch einzelne

Pfeiler auf sie abgestützt ist (Abb. 1). Durchsickerndes Wasser fließt in dem Zwischenraum zwischen Wand und Mauer unschädlich ab. Damit war für die Sicherheit wirklich genug getan, und diese praktischen Schutzmaßnahmen machen die theoretisch geforderte beträchtliche Gewichtsvermehrung eigentlich überflüssig. Gleichwohl hat die Forderung Lévys den französischen Sperrenbau fast bis in die jüngste Zeit beherrscht und ihn viel Material gekostet und unnötigerweise gehemmt.

Die Vergleichsrechnungen über die verschiedenen Annahmen des Unterdrucks sollen im folgenden durchweg auf das Grunddreieck, bei dem der Wasserspiegel bis zur Spitze reicht, bezogen werden (Wasserseite lotrecht).

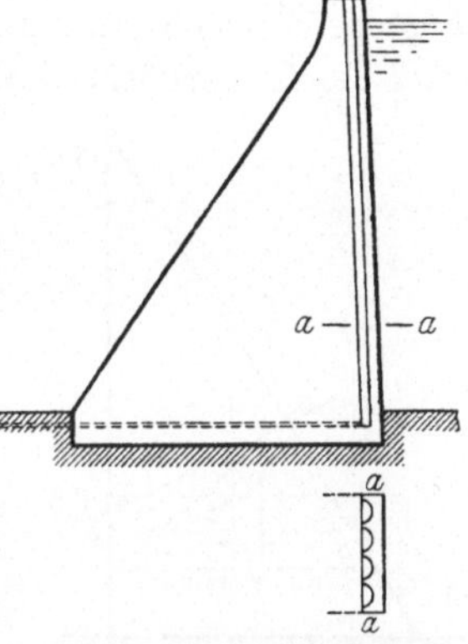

Abb. 1. Levysche Schutzwand.

Für dessen Spitzenwinkel α (Abb. 2) führt die Forderung Lévys (Druck an der Wasserseite = hydrostatischem Druck) zu der Beziehung

$$\operatorname{tg}^2\alpha = \frac{1}{\gamma - 1}, \qquad (1)$$

während er sich ohne Berücksichtigung des Unterdrucks (Druck an der Wasserseite = 0) wesentlich kleiner aus

$$\operatorname{tg}^2\alpha = \frac{1}{\gamma} \qquad (2)$$

ergibt. γ bezeichnet das Raumgewicht des Mauerkörpers.

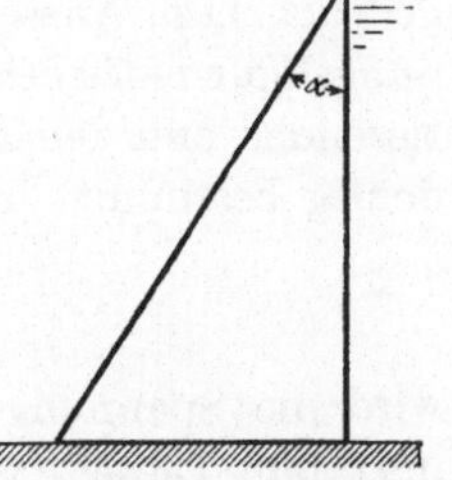

Abb. 2. Grunddreieck.

Auffassung von Lickfeld. In Deutschland schenkte man dem Problem des Unterdrucks auch schon frühzeitig Beachtung. Da bei uns jedoch dank einer sorgfältigen Bauausführung Katastrophen nicht aufgetreten waren, so trat man ihm von vornherein ruhiger gegenüber. Die strenge Regel Lévys hat bei uns jedenfalls nie maßgebenden Einfluß gewonnen. Lickfeld war der erste[1], der die Aufgabe in gründlicher Weise angriff und Vor-

---

[1] Lickfeld: Zentralbl. Bauverw. 1898.

schläge zur rechnerischen Berücksichtigung machte. Er will im
Gegensatz zu Lévy das Öffnen einer Fuge keineswegs von vornherein durch entsprechende Mauerpressung verhindern, er setzt
im Gegenteil voraus, daß durch irgendwelche Umstände sich eine
Fuge geöffnet hat, und stellt dann die Frage, welche Abmessungen
muß der Mauerkörper haben, daß er noch vollständig standsicher

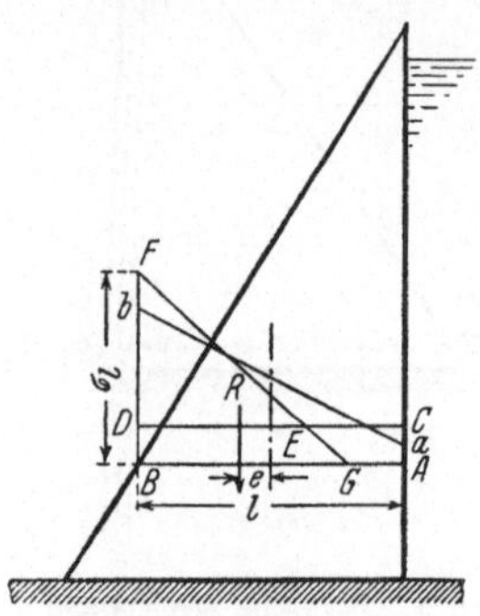

Abb. 3. Unterdruck nach
Lickfeld.

ist. Die Fuge denkt er sich dabei horizontal und auf ihre ganze Länge in ihr
den vollen hydrostatischen Druck wirksam. Von der Zugfestigkeit des Mauerwerks sieht er ab. Die bei geschlossener
Fuge unter der Wirkung von äußerem
Wasserdruck und Eigengewicht vorhandene Druckfigur $Aa\,b\,B$ (Abb. 3) mit der
Resultante R verwandelt sich also, wenn
sich eine Fuge öffnet, in die Druckfigur
$ACEFB$, mit derselben Resultante R.
Die Horizontale CE stellt dabei den
hydrostatischen Druck des Fugenwassers,
die ansteigende Linie EF die Mauerwerkspressung dar. Ob man
sich unterhalb EF noch einen Teil der Pressung durch ein-
gedrungenes Wasser übertragen denkt, ändert an der Span-
nungsfigur natürlich nichts. Aus der Größe und Lage der Resultierenden und dem hydrostatischen Druck ist die Druckfigur eindeutig bestimmt. Bei einem Spitzenwinkel von

$$\operatorname{tg}^2\alpha = \frac{1}{2\,\gamma - 3} \tag{3}$$

wird die Spannung an der Luftseite unendlich, die Mauer also
unstabil. Diesem Grenzzustand darf man sich nicht allzusehr
nähern, wie weit man darunter bleiben will, ist zum großen Teil
Sache des Gefühls. Lickfeld untersucht nun, wie schnell die
luftseitige Spannung bei einer Änderung der Exzentrizität e der
Resultante wächst. Da mit einem gewissen Fehler von e zu
rechnen ist, darf bei einer Zunahme von e die Spannung nicht
über ein zu hohes Maß hinauswachsen. Lickfeld nimmt nun
an Hand von Diagrammen mit einer gewissen Willkür an, daß
die Zunahme der Spannung neunmal schneller erfolgen kann,
als die Änderung der relativen Exzentrizität $\dfrac{2\,e}{l}$. Man erhält

dann umgerechnet für den gerade noch zulässigen kleinsten Spitzenwinkel

$$\operatorname{tg}^2\alpha = \frac{2}{3\,\gamma - 4}\,. \tag{4}$$

Es liegt nahe, die Lickfeldsche Auffassung etwas zu modifizieren dadurch, daß man den Spitzenwinkel einfach durch Festlegung der luftseitigen Spannung begrenzt. Läßt man für diese die von Link so bezeichnete „Regelspannung" γh zu, die Spannung, die bei leerem Becken auch an der Wasserseite auftritt (bei lotrechter Stirnwand), so erhält man die Beziehung

$$\operatorname{tg}^2\alpha = \frac{\gamma - 1}{\gamma^2 - \gamma - 1}\,. \tag{5}$$

Für γ zwischen 2 und 3, d. h. für alle praktischen Fälle liegen diese Querschnitte noch etwas unter der von Lickfeld für zulässig gehaltenen Grenze.

Die Lickfeldsche Auffassung ist recht durchsichtig und in sich konsequent. Sie liefert Mauerkörper, die vollkommen standsicher, nach dem Ausdruck Lickfelds „für die Ewigkeit" gebaut sind, weil sie das äußerste an ungünstigen Verhältnissen voraussetzt, was überhaupt denkbar ist. Trotzdem sind die Querschnitte nach Lickfeld noch wesentlich schlanker, als nach der Forderung Lévys.

In Wirklichkeit findet jedoch ein leichter Druckabfall in der Fuge infolge der sich einstellenden langsamen Wasserbewegung statt. Auch wenn die Fuge nicht nach der Luftseite durchgeht, ist diese Bewegung vorhanden. Es wird von ihr aus Wasser in die kapillaren Porenwege eindringen und durch diese an der Luftseite, wenn auch nur als unsichtbare Verdunstung, austreten. Außerdem übt das Mauerwerk schwache Zugwirkungen aus. Mauerkörper auch mit etwas kleineren Abmessungen, als sie Lickfeld verlangt, werden also praktisch noch vollkommen standsicher sein. Wie weit man allerdings diesen günstigen Umständen — Zugwirkungen im Mauerwerk, die das Öffnen der Fuge hindern, und Druckabfall in einer vorhandenen Fuge — Rechnung tragen kann, ist von vornherein nicht leicht zu sagen, es hängt das sehr von der Güte des verwendeten Materials und der Bauarbeit ab und muß bis zu einem gewissen Grade Sache des Gefühls bleiben.

Heute übliches Verfahren (nach Fecht und Link). Der Wirklichkeit am nächsten käme man, wenn man die Zugspannung des Betons bis zu einem gewissen Betrage in Rechnung zöge und in der Frage, soweit sie sich unter Berücksichtigung der Zugspannung geöffnet hat, sich den vollen hydrostatischen Druck wirksam denkt. Die Zugspannung könnte man dabei in ein festes Verhältnis zur Druckspannung setzen, etwa 1 : 15; man kommt dabei aber zu recht unübersichtlichen, praktisch nicht brauchbaren Formeln. Es hat sich deshalb in der neueren Zeit ein Verfahren eingebürgert, das in seinen Voraussetzungen sich zwar nicht so sehr an die Wirklichkeit anlehnt, als die eben genannte Annahme, aber bei einfacher Rechnung doch etwas schwächere Querschnitte erlaubt, als die auf der Lickfeldschen Anschauung fußenden Gl. (4) oder (5). Man hält dabei entsprechend dem in der Statik sonst üblichen Brauch an der Vernachlässigung der Betonzugfestigkeit fest, rechnet aber mit einem geringeren Auftrieb in der Fuge. Diesen nimmt man linear von der Wasserseite nach der Luftseite auf Null fallend an. An der Wasserseite geht man von der vollen Druckhöhe h oder auch von einer kleineren $n\,h$ ($n < 1$) aus (Abb. 4). Die Figur des Unterdrucks

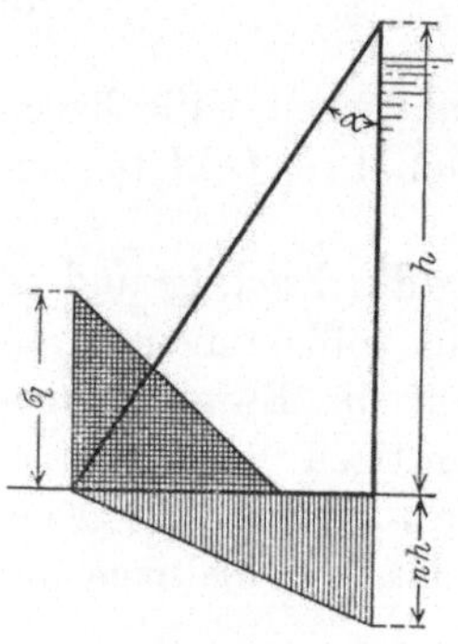

Abb. 4. Linear abfallender Unterdruck.

ist dem Mauerprofil ähnlich. Die Gewichte verhalten sich wie $\gamma\,h : n\,h$. Man kann die Wirkung des Unterdrucks also als eine Verminderung des Raumgewichts des Mauerkörpers auffassen, die Rechnung wird dadurch besonders einfach. Der Grenzzustand der Stabilität, bei dem die Spannung der Luftseite unendlich wird, ergibt sich für

$$\mathrm{tg}^2\alpha = \frac{1}{2\,\gamma'}, \tag{6}$$

wobei γ' das reduzierte Gewicht $\gamma - n$ bedeutet. Läßt man an der Luftseite die Normalspannung $k\,h$ zu, so errechnet sich der Spitzenwinkel aus

$$\mathrm{tg}^2\alpha = \frac{k}{\gamma'\,(2\,k - \gamma')} \tag{7}$$

und, wenn die Normalspannung gleich der Regelspannung $\gamma\,h$ ist,

k also gleich γ wird, aus

$$\operatorname{tg}^2\alpha = \frac{\gamma}{\gamma^2 - n^2}\,. \tag{8}$$

Für die Stabilität ist nun weniger die absolute Höhe der Spannung maßgebend, wie die Sicherheit gegen Umkippen. Hier scheint nun die Festlegung des Spitzenwinkels durch die Regelspannung die äußerste Grenze zu sein, an die man praktisch herangehen kann. Berechnet man beispielsweise den Spitzenwinkel nach Gl. (8) für $\gamma = 2,3$; $n = 1$, so erhält man

$$\operatorname{tg}^2\alpha = 0,534\,.$$

Nach Gl. (6) ist dieser Winkel Grenzwinkel für ein $\gamma' = 0,937$, also für ein Raumgeicht von rund 1,94. Das ist nur 16% weniger wie 2,3. Bei einem solch geringen Fehler in der Annahme des Raumgewichts wäre also die Standfestigkeit der Mauer theoretisch erschöpft. Mit Rücksicht auf die Zugfestigkeit des Materials kann diese Sicherheit wohl noch als ausreichend angesehen werden, wird aber kaum wesentlich unterschritten werden dürfen.

Theorie Fillungers. Die zuletzt genannten Auffassungen gehen bei der Ermittlung des Unterdrucks von der Betrachtung einer Fuge aus. Nur wenn diese wirklich vorhanden ist, das Wasser also ihr entlang auf die beiden Fugenflächen einen Druck ausüben kann, erhält man auf diese Art von der Wirkung des Unterdrucks ein physikalisch richtiges Bild. Nun übt aber das in einem Mauerkörper eingedrungene Wasser auf diesen Kraftwirkungen aus, auch ohne daß Risse vorhanden sind. Es sind das die primären Wirkungen, die für sich oder im Verein mit anderen Ursachen dann zu Rissen führen können. Die Art und Größe dieser Wirkungen erkannt und sie erschöpfend und anschaulich dargestellt zu haben, ist das große Verdienst Fillungers[1].

Der Mauerkörper wird aus einem feinporigen Grundmaterial gebildet, dem Bindemittel (dessen Porengehalt über 30% betragen kann), in dem kompakte, praktisch undurchlässige Massen, die Zuschläge (Sand und Steine), verteilt sind. In die Poren dringt nun das Wasser ein und durchströmt sie mit einer bestimmten, wenn auch unmeßbar kleinen Geschwindigkeit. Dieser langsame

---

[1] Fillunger: Der Auftrieb in Talsperren. Öst. Wochenschr. Baudienst 1913.

Wasserdurchfluß findet auch statt, wenn man an der Luftseite nichts davon bemerkt, diese also trocken erscheint. In diesem Fall verschwindet eben die geringe austretende Wassermenge sofort durch die Verdunstung, die mit Luftfeuchtigkeit und Temperatur sich sehr stark ändern kann. In diesem in die Mauer eingedrungenen und sie langsam durchströmenden Porenwasser muß sich nun ein ganz bestimmter Druckzustand, ein Druckgefälle nach außen ausbilden. Die Resultierende aus diesem Druckgefälle und der Schwerkraft ist dann die auf das Wasser wirkende bewegende Kraft. Ihr wirkt dann im stationären Zustand, der sich sofort einstellt, die durch die Strömungsbewegung verursachte Reibung entgegen. Der Druckzustand, auf den es hier vor allem ankommt, wird am besten durch die Linien gleichen Druckes, die man sich eingezeichnet denken kann, veranschaulicht. Er ist bestimmt durch die Form des Querschnitts und die Durchlässigkeit seiner einzelnen Teile und Begrenzungen und läßt sich durch theoretische Erwägungen ungefähr festlegen. Den einfachsten Zustand hätte man beispielsweise, wenn die Luftseite durch vollständig dichtes Verblendmauerwerk abgeschlossen und auch der Felsuntergrund vollkommen dicht wäre. In diesem

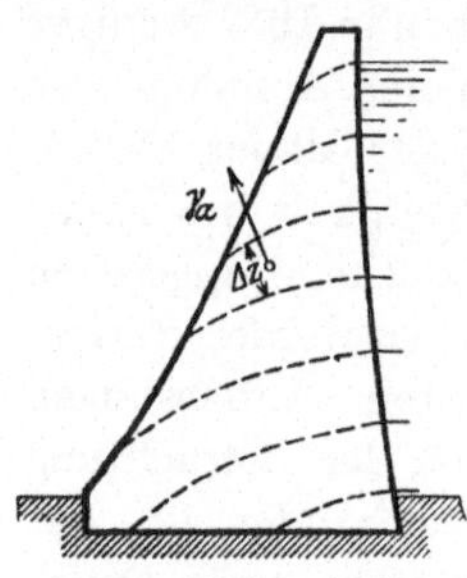

Abb. 5. Linien gleichen Druckes im Mauerinnern.

Falle würde das Porenwasser in der Mauer ohne jede Bewegung stille stehen, die Linien gleichen Druckes würden horizontal verlaufen, genau wie in einem freien Becken, und die unmittelbare Fortsetzung der gleichen Linien des nebenan gestauten Wassers bilden. In Wirklichkeit ist diese Verblendungsschicht immer etwas durchlässig, wenn sie nicht ganz fehlt, und auch in den Untergrund wird Wasser eindringen. Die Folge davon ist eine langsame Bewegung des Wassers. Die Linien gleichen Druckes verlaufen nicht mehr wagerecht, sondern senken sich, ähnlich wie in Abb. 5.

In diesem Druck- und Strömungszustand übt nun das Wasser auf das Mauerwerk zweierlei Wirkungen aus. Einmal eine Auftriebswirkung. Diese erfolgt senkrecht zu den Linien gleichen Druckes; ihr unterliegen nur die kompakten Massen, die Zuschläge, die je nach der Änderung des an den Seitenflächen auf sie wirkenden Wasserdruckes eine resultierende Kraft, eben den Auftrieb erfahren. Im gleichmäßig porösen Bindemittel selbst dagegen kann eine Auftriebswirkung nicht entstehen.

Die Größe des Auftriebs ergibt sich für die Raumeinheit nach dem Ausdruck

$$\gamma_a = \frac{dp}{dz}\, v \cdot u,$$

wobei $\frac{dp}{dz}$ das Druckgefälle, v den Porigkeitsgrad des Bindemittels und u den von den undurchlässigen Stoffen eingenommenen Raum, auf die Raumeinheit bezogen, bezeichnet. Die Richtigkeit ist leicht einzusehen. $\frac{dp}{dz}\, u$ ist der Auftrieb, den die Zuschläge im vollen Wasser erfahren würden, das im vorliegenden Fall nur in dem durch v gegebenen Grad zur Wirkung kommen kann. Statt des Porigkeitsgrades des Bindemittels v kann man leichter die Wasseraufnahme v'' der Volumeneinheit des Mauerwerks experimentell bestimmen und kann den obigen Ausdruck schreiben

$$\gamma_n = \frac{dp}{dz} \cdot \frac{v''\,u}{1-u}.$$

Da die Linien gleichen Drucks nach unten fallen, ist der Auftrieb schräg nach der Luftseite zu gerichtet, hat also außer der vertikalen auch noch eine horizontale Komponente.

Neben diesem Auftrieb übt dann das die Mauer langsam durchströmende Wasser noch Reibungskräfte auf das Mauerwerk aus. Fillunger bestimmt auch diese Kräfte rechnerisch. Ihre Berücksichtigung ist jedoch für die Praxis zu umständlich und auch reichlich ungenau. Zudem ist die Reibung und die horizontale Komponente des Auftriebs nichts anderes als die ins Mauerinnere übertragene Wirkung des auf den Porenanteil der wasserseitigen Begrenzung entfallenden Wasserdrucks. Dieser müßte also vom äußeren Wasserdruckdreieck abgezogen werden. Praktisch ist es jedoch gewiß zweckmäßiger, mit dem vollen Wasserdruck an der Wasserseite zu rechnen, dafür aber von den im Innern der Mauer wirkenden Horizontalkräften ganz abzusehen, von den inneren Kräften also nur noch der vertikalen Komponente des Auftriebs Rechnung zu tragen. Hierbei wird man sogar im allgemeinen ungünstiger rechnen, da eine über den ganzen Querschnitt verteilte Belastung diesen nicht so sehr verzerren wird, wie eine nur an der Außenseite angreifende von derselben Größe.

Die Vertikalkomponente des Auftriebs ist nun bestimmt durch das Druckgefälle $\frac{dp}{dz}$ in lotrechter Richtung. In einer ersten Annäherung kann man annehmen, daß die lotrechten Abstände der Linien gleichen Druckes gleich seien, daß also eine aus der andern durch lotrechte Parallelverschiebung entsteht. Dann ist das lotrechte Druckgefälle über dem ganzen Mauerquerschnitt konstant, und zwar gleich 1 t/qm/m, ebenso groß wie in freistehendem Wasser, und der sonach ebenfalls konstante Auftrieb für die Raumeinheit ist

$$\gamma_a = u\,v = \frac{v''u}{1-u}.$$

In der Rechnung läßt er sich auf einfachste Weise dadurch berücksichtigen, daß man mit einem um ihn verkleinerten Raumgewicht des Mauerwerks rechnet.

Von den Faktoren u und v bzw. v'' ist u durch das Verhältnis von Zement zu Zuschlag gegeben und schwankt für die gebräuchlichsten Mischungsverhaltnisse 1:4 bis 1:8 nur etwa zwischen 0,80 bis 0,89. Der Porigkeitsgehalt des Bindemittels ist größer, als man gewohnt ist anzunehmen. Die Art, Größe und Menge der Poren sind von Dr. Maier in seiner Arbeit: „Die Entstehung des Porenvolumens usw."[1] untersucht. Maier gibt dort die Dichtigkeit des Zementes nur zu 37 bis 57% der ideellen, die bei kompakter Lagerung vorhanden wäre, an. Die verbleibenden 43 bis 63% werden wohl kaum ganz als Porenvolumen anzusprechen sein. Es bilden sich unter der Einwirkung des Wassers anscheinend auch sehr wasseraufnehmende Kolloide aus, wie aus den Quell- und Schwindvorgängen, sowie der Selbstdichtung unter Wasser zu schließen ist. Man wird jedoch mit 20 bis 50% Hohlräumen schon rechnen müssen, wonach dann der Auftrieb in der Mauer bis zu annähernd 0,5 t auf den Kubikmeter betragen könnte.

Der Porigkeitsgrad läßt sich nach der Beziehung $v = \dfrac{v''}{1-u}$ auch aus der Wasseraufnahme v'' des fertigen Betons ausrechnen, die etwa 3 bis 10% beträgt. Wenn man nun nicht die Extrem-

---

[1] Maier: Bauing. 1922.

werte von v (10%) und u (89%) miteinander kombiniert, erhält man Porigkeitsgrade etwa von der oben genannten Größe, 15 bis 60%.

Trägt man die gesamten Auftriebskräfte über einen horizontalen Schnitt auf, so verteilen sie sich nach einer Figur, die dem Mauerprofil ähnlich ist, sie fallen also dreieckförmig von der Wasserseite nach der Luftseite ab, wobei die Höhe des Dreiecks $\gamma_a h$ ist. Dadurch erhält die schon oben erwähnte Annahme der dreieckförmigen Verteilung des Unterdrucks entlang einer Fuge eine schöne Bestätigung, trotzdem nicht etwa eine Fuge, sondern der ganze darüber liegende Mauerkörper der Sitz dieser Auftriebskräfte ist. Der Faktor n, der mit $n h$ die wasserseitige Höhe des Unterdrucksdreiecks angibt, wird gleich dem Auftrieb γ_a für die Raumeinheit. Er läßt sich also auf die einfachste Weise unmittelbar aus den Eigenschaften des Betons recht genau bestimmen.

Nun ist zu beachten, daß der Mauerkörper praktisch nicht eine gleichmäßige ununterbrochene Betonmasse ist, wie es die obige Betrachtung voraussetzt. Er ist aus einzelnen großen Blöcken zusammengesetzt, die den Tagesleistungen entsprechen, und die zwischen diesen befindlichen Arbeitsfugen sind nicht nur vom Standpunkt der Festigkeit besonders schwache Stellen, sondern bieten auch dem Wasserdurchfluß, wie man in der Praxis oft beobachten kann, geringeren Widerstand. Sie sind also auch die Ursache von verstärkten Auftriebswirkungen. Das gilt insbesondere auch von der Fundamentfuge, da die Haftfestigkeit von Zement auf Fels wohl nur gering ist, jedenfalls noch wesentlich geringer als die in den sonstigen Arbeitsfugen vorhandene von Zement auf frischem und frisch aufgerauhtem Beton.

Nun hat man in der Sohlenentwässerung und auch in einem Dränagesystem hinter der Wasserseite oft und, wie Druckmessungen zeigen, auch mit vollem Erfolg angewendete Mittel, die Auftriebswirkungen herabzusetzen. Es ist jedoch zu beachten, daß kein Entwässerungssystem den Unterdruck ganz wegnehmen kann, daß ferner diese Dränagen sich im Laufe der Zeit zusetzen können, unter Umständen sogar bei mangelhafter Bauausführung stellenweise von vornherein wirkungslos sein können. Wenn beispielsweise die neuen französischen Vorschriften vom Oktober 1923 nur verlangen, die Mauer durch Dränagen oder ähnliche

Maßnahmen gegen Unterdruck zu schützen und dann eine weitere rechnerische Berücksichtigung nicht mehr für erforderlich halten, so dürfte damit den Gefahrmomenten doch etwas zu wenig Rechnung getragen sein — ganz im Gegensatz zu den früheren Vorschriften, wo nach der Forderung Lévys ein unverhältnismäßig großer Mauerquerschnitt verlangt wurde. Das richtige dürfte sein, die Dränagen und vor allem die Sohlenentwässerung wohl anzuwenden, aber für die Bemessung einen gewissen Unterdruck trotzdem vorauszusetzen. Auf die Dränagen wird man schon als praktisch sehr wünschenswerte Kontrolleinrichtung nicht gern verzichten.

Praktische Folgerungen. Ein möglichst wasserdichtes Betonmaterial ist nicht nur wegen etwaiger Wasserverluste anzustreben, sondern auch, um die Auftriebswirkungen gering zu halten. Die vor dem Bau vorzunehmenden Materialuntersuchungen sollten sich also auf alle Fälle auch auf die Wasseraufnahmefähigkeit und Durchlässigkeit des Betons erstrecken. Aus diesen ist dann nach den oben gegebenen Regeln der Auftrieb für die Raumeinheit $\gamma_a = n$ zu berechnen.

Den Spitzenwinkel selbst kann man nun entweder unter der Voraussetzung eines ungerissenen Mauerkörpers berechnen. Man wird dann von dem versuchsmäßig bestimmten n ausgehen, die Spannungen an der Wasserseite gleich Null annehmen, was zur Formel führt

$$\operatorname{tg}^2\alpha = \frac{1}{\gamma - n}. \tag{9}$$

Gegen die in den Fugen zu erwartenden größeren Auftriebskräfte liegt in dieser Berechnung noch eine gewisse Sicherheit. Wenn keine Dränage vorhanden ist, wird man vorsichtshalber n noch gegen den gemessenen Wert vergrößern.

Geht man andererseits nach der früheren Anschauung bei der Berechnung des Spitzenwinkels von einer offenen Fuge aus, so hat man in dieser folgerichtig an der Wasserseite den vollen hydrostatischen Druck anzunehmen. Nach der Luftseite ist er linear nach Null abfallend vorauszusetzen. Unter Vernachlässigung der Betonfestigkeit ergibt sich der Spitzenwinkel aus

$$\operatorname{tg}^2\alpha = \frac{1}{\gamma - \dfrac{1}{\gamma}}. \tag{10}$$

Diese beiden Verfahren geben keine sehr verschiedenen Resultate und stimmen für $n = \dfrac{1}{\gamma}$ überein.

Der stärkste Auftrieb ist in der Fundamentfuge zu erwarten. Da für ein Bauwerk nach Möglichkeit in allen seinen Teilen gleichmäßige Sicherheit anzustreben ist, so ist wohl zu überlegen, wie dem verstärkten Auftrieb dieser Fuge zu begegnen ist. Ein Mittel bietet sich in der Sohlenentwässerung. Dann sind die Mauerkörper fast immer ziemlich tief in den felsigen Untergrund eingelassen. Dadurch, daß sich die Mauer also nicht frei um den luftseitigen Fußpunkt drehen kann, ist die Kippsicherheit des Mauerblocks wesentlich erhöht. Unter Umständen kann sich auch eine Verbreiterung oder kräftige Ausrundung des luftseitigen Fußes empfehlen, ähnlich wie in Abb. 6, die auch aus anderen, später noch zu erörternden Gründen von Vorteil sein kann.

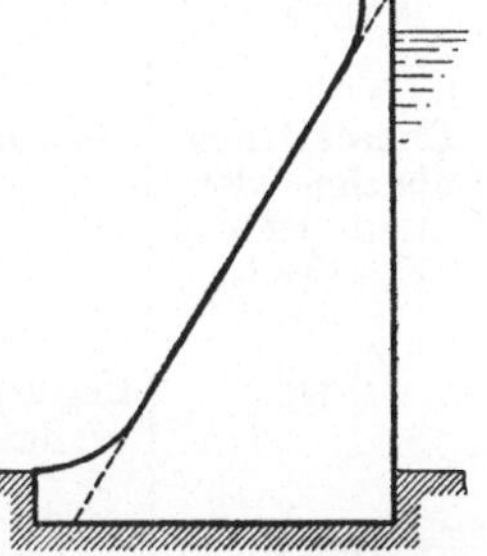

Abb. 6. Verbreiterung und Ausrundung des luftseitigen Fußes.

Die Wasserseite des Grunddreiecks war bisher lotrecht angenommen. Man gibt ihr gern einen kleinen Anzug von einigen Prozenten. Wie genaue Vergleichsrechnungen zeigen, ändern sich dabei die Spannungen nicht merklich, wenn die Basisbreite dieselbe ist. Man kann also einfach die aus obigen Formeln bestimmte Tangente des Spitzenwinkels auf die Wasser- und Luftseite aufteilen.

Vergleichende Zusammenstellung. Zum Vergleich seien nun noch für die einzelnen Annahmen in der Berücksichtigung des Unterdrucks die Formeln zusammengestellt und für ein mittleres Raumgewicht von 2,3 t/m³ die Spitzenwinkel und der verhältnismäßige Mauerverbrauch angegeben.

		$\mathrm{tg}^2\,\alpha$	$\dfrac{\mathrm{tg}\,\alpha}{(\gamma = 2,3)}$	Verhältn. d. Mauermengen
Alte Annahme..	Ohne Unterdruck $\sigma_w = 0$	$\dfrac{1}{\gamma}$	0,659	1,00
Forderung Lévys	Druckspannung an Wasserseite gleich hydrost. Druck $\sigma_w = h$	$\dfrac{1}{\gamma - 1}$	0,875	1,33

(Fortsetzung.)

		$\operatorname{tg}^2 \alpha$	$\operatorname{tg} \alpha$ ($\gamma = 2,3$)	Verhältn. d. Mauer- mengen
Nach Lickfeld auf ganze Fuge gleichbl. Unter- druck $= h$	Grenze für Stabilität $\sigma_l = \infty$	$\dfrac{1}{2\,\gamma - 3}$	0,791	1,20
Desgl.	Untere Grenze nach Lickfeld für prakt. Standsicherheit	$\dfrac{2}{3\,\gamma - 4}$	0,830	1,26
Desgl.	Regelspannung an der Luftseite $\sigma_l = \gamma \cdot h$	$\dfrac{\gamma - 1}{\gamma^2 - \gamma - 1}$	0,808	1,23
Dreieckförmig abnehmender Unterdruck a. d. Wasserseite $= n \cdot h$	Grenze für Stabilität	$\dfrac{1}{2\,(\gamma - n)}$	0,620 ($n = 1$)	0,94
Desgl.	Regelspannung an der Luftseite	$\dfrac{\gamma}{\gamma^2 - n^2}$	0,732 ($n = 1$)	1,11
Desgl.	Druckspannung an d. Wasserseite gleich Unterdruck $= n \cdot h$	$\dfrac{1}{\gamma - n}$	0,690 ($n = 0,2$) 0,745 ($n = 0,5$)	1,05 1,13

II. Der Spannungszustand.

A. Grundsätzliche Betrachtungen über die Gültigkeit der Trapezregel.

Die Sperrenbrüche von Bouzey und L'Habra, die den Anlaß boten, auf den Unterdruck gebührende Rüchsickt zu nehmen, waren auch der Anstoß, die Gültigkeit der Trapezregel, die man vertrauensvoll bisher als Rechnungsgrundlage benutzte, einer gründlichen Prüfung zu unterziehen. Die Franzosen, die an der Klärung dieser Frage wegen der bei ihnen erfolgten Katastrophen das größte Interesse hatten, haben denn auch den ersten und wichtigsten Beitrag zu ihrer Lösung gegeben. M. Lévy, der einige Jahre zuvor auf den Unterdruck als Gefahrquelle erstmals aufmerksam machte, hat für das dreieckförmige Profil, das Grund- dreieck, für einige Belastungsfälle die strengen Lösungen auf Grund der Elastizitätstheorie gegeben[1]. Er betrachtete zuerst

---

[1] Lévy: Comptes Rendus 1898.

das Grunddreieck unter Wirkung des Eigengewichts und einer bis an die Spitze reichenden Wasserbelastung, und fand, daß für diesen Fall, den man als Grundbelastung bezeichnen kann, in der Tat eine lineare Spannungsverteilung eintritt, und zwar für sämtliche drei Spannungen σ_x, σ_y und τ. Die Trapezregel gilt also in aller Strenge. Auf einem durch die Spitze gehenden Radiusvektor nehmen die Spannungen proportional dem Abstand von der Spitze zu, wie es auch die Wasserlast tut, und von vornherein nicht anders zu erwarten ist. Lévy gibt dann noch die Lösung für eine unveränderliche Zusatzlast an der Wasserseite, die dann mit der ersten Lösung zusammen einer über die Spitze des Dreiecks hinaus vorhandenen Wasserbelastung entspricht. Für diese Zusatzlast verteilen sich die Spannungen entlang einer horizontalen Fuge nicht mehr geradlinig. Das Trapezgesetz gilt in aller Strenge nicht mehr. Für die in Betracht kommenden Spitzenwinkel von 35 bis 40° bleiben jedoch die Abweichungen von der Geraden in sehr mäßigen Grenzen (etwa innerhalb 10%). Die Spannungen sind nur von der Amplitude des durch die Spitze laufenden Radiusvektors abhängig, sind also auf ein und demselben Radiusvektor unveränderlich, ein Resultat, das der Unveränderlichkeit der Belastung entsprechend auch von vornherein naheliegt. Mit zunehmendem Abstand von der Spitze verschwinden also diese „Wasserzusatzspannungen" gegenüber den dauernd wachsenden aus der Grundbelastung. Die theoretischen Abweichungen von der Trapezregel werden also nach unten zu immer geringer und sind mit vollem Recht zu vernachlässigen.

Dadurch, daß die Krone gegenüber dem Grunddreieck verbreitert wird, entstehen noch weitere Zusatzlasten, die einer durch die Spitze des Dreiecks gehenden Einzelkraft und einem Kräftepaar gleichgesetzt werden können. Die elastizitätstheoretische Untersuchung für diese Belastungsfälle hat Mitchell gegeben[1]. Späterhin hat Fillunger in Unkenntnis der genannten Arbeiten dieselben Spannungsprobleme erneut behandelt[2] und — was vor allem bei Mitchell zu vermissen ist — einer praktischen Diskussion unterzogen. Die zuletzt genannten „Kronenzusatzlasten" ergeben keine linear über eine Fuge verteilten Spannungen. Aus einem durchgerechneten Beispiel ergibt sich jedoch, daß die

---

[1] Mitchell: Proc. Lond. Math. Soc. Bd. 32. 1900.
[2] Fillunger: Öst. Wochenschr. Baudienst 1913.

Abweichungen vom Trapezgesetz nicht allzu bedeutend sind. Während nun die „Grundbelastungsspannungen“ nach unten hin zunehmen, die „Wasserzusatzspannungen“ auf einem Radiusvektor konstant bleiben, nehmen die „Kronenzusatzspannungen“ nach unten hin ab, da für die Aufnahme der konstanten Kronenlast ein immer größerer Querschnitt zur Verfügung steht. Sie verschwinden also nach unten noch mehr, wie die Wasserzusatzspannungen gegenüber den Grundspannungen. Diese, mit der linearen Verteilung der σ_x, σ_y und τ, sind also, abgesehen von den obersten Teilen in Nähe der Krone und Störungen in Nähe des Fundaments, ausschlaggebend. Die Trapezregel hat also eine auffallend gute theoretische Begründung.

Die Elastizitätstheorie baut sich nun allerdings auf gewissen idealen Voraussetzungen auf, die in Wirklichkeit keinesfalls genau erfüllt sind. Die erste Voraussetzung, das Fundament der Theorie, ist ein über den ganzen Mauerkörper festes Elastizitätsmaß. Nun ist Stein und Beton weder vollkommen elastisch — es sind ja bleibende Dehnungen von den federnden zu unterscheiden — noch befolgen sie das Hooksche Gesetz. Für die in Betracht kommenden Belastungen von etwa Null bis 25 kg/cm³ ist jedoch die Dehnungslinie praktisch von einer Geraden nicht zu unterscheiden, außerdem treten die bleibenden Formänderungen hinter den elastischen fast ganz (rund 10 %) zurück[1]. Während also das Hooksche Gesetz mit großer Annäherung als erfüllt angesehen werden kann, ist noch zu beachten, daß das Dehnmaß E in den einzelnen Teilen der Mauer stark verschieden sein wird. Der Beton ist durchaus kein über die ganze Mauerhöhe gleichbleibendes Gemenge. Wasserzusatz, Zementbeigabe, Kornzusammensetzung sind in den einzelnen Mauerteilen verschieden. — Insbesondere kleine Änderungen im Wasserzusatz beeinflussen E in starkem Maße. So werden also, ganz abgesehen von den sich mit der Zeit ausgleichenden Unterschieden infolge der Alterung, Schwankungen von E bis 50 % und mehr zu erwarten sein. Da die Abweichungen jedoch im allgemeinen sich entsprechend dem Bauvorgang in gleichmäßiger Schichtung über den Mauerkörper verteilen, wird dadurch die lineare Spannungsverteilung kaum in erheblichem Maße gestört werden.

---

[1] Siehe Bethke: Das Wesen des Gußbetons, S. 38ff. Berlin: Julius Springer 1924.

Ein weiterer Umstand kommt jedoch noch dazu. Wenn nach der Elastizitätstheorie die Eigengewichtsspannungen berechnet werden, so wird dabei ein spannungsloser Nullzustand vorausgesetzt, d. h. es wird angenommen, daß der belastungsfreie und als gewichtslos gedachte Mauerkörper keine Spannungen und Verformungen aufweist oder, wie man sich in der Festigkeitslehre ausdrückt, frei von Eigenspannungen ist. Nun erfolgt die Verfestigung des Mauerwerks langsam, während des Bauvorganges. Der noch plastische Mauerkörper arbeitet unter den dauernd wachsenden und sich ändernden Belastungen des Eigengewichts. Es findet unter unelastischen Verformungen ein langsamer und dauernder Belastungs- und Druckausgleich statt. Denkt man sich nun den auf diese Art fertiggestellten Mauerkörper von seinem Eigengewicht entlastet, so wird er nach diesen vielerlei inneren Verformungsvorgängen auf keinen Fall spannungslos sein, sondern ein je nach den Bauvorgängen gewiß recht mannigfaltiges und wechselvolles System von Zug- und Druckspannungen aufweisen. Eine auch nur annäherungsweise Berechnung dieser Bauspannungen oder Eigenspannungen ist nicht leicht durchzuführen, man kann jedoch das eine sagen, daß sie in die Größenordnung der nach der Trapezregel berechneten Eigengewichtsspannungen fallen und, wenn sie auch kleiner wie diese anzunehmen sind, so doch ihnen gegenüber nicht verschwinden. Diese Bauspannungen werden naturgemäß auch durch die während der Verfestigung einsetzenden Schwind- und Temperaturvorgänge mit beeinflußt. Da sie ihren Grund in einem Nachgeben des Mauerkörpers gegenüber Verformungsbestrebungen haben, so werden sie im allgemeinen durch ihre ausgleichende Wirkung die Bruchgefahr und die Höchstspannungen herabsetzen.

Das so überaus einfache Spannungsbild der Theorie wird sich also in Wirklichkeit gewiß nicht vorfinden. Die zuletzt auf das schon einigermaßen erhärtete Bauwerk auftretenden Belastungen des äußeren Wasserdrucks werden zwar mit ziemlicher Näherung zu der theoretisch vorausgesetzten linearen Spannungsverteilung führen. Die Spannungen aus dem Eigengewicht sind durch im Bauvorgang begründete Eigenspannungen gestört. Hierzu kommt dann noch ein buntes Bild von Spannungen aus Schwind- und Temperaturvorgängen, die von der Rechnung meist abseits gelassen werden, und zwar mit einer gewissen Berechtigung. Wäh-

2*

rend die durch äußere und Massenkräfte hervorgerufenen Spannungen, die man als Belastungsspannungen bezeichnen kann, durch Verformungen und Risse des Mauerkörpers an Gefahr nicht verlieren, kann sich der Mauerkörper der Spannungen zweiter Art, die Zwängsspannungen benannt sein mögen und die in inneren Vorgängen ihren Grund haben (zu ihnen gehören eigentlich auch die Bauspannungen), wenn sie eine gewisse Grenze überschreiten, durch Aufreißen entlasten. Die dabei entstehenden Risse werden allerdings trotz der Entlastungen für die Zwängsspannungen (Spannungen zweiter Art) die Gefahrmomente für die Lastspannungen (Spannungen erster Art) etwas mit vergrößern.

Im Jahre 1908 hat Mohr ganz unabhängig von den vorher schon erfolgten elastizitätstheoretischen Arbeiten von Lévy und Mitchell, und anscheinend auch ohne sie zu kennen, Untersuchungen über den Spannungszustand einer Staumauer angestellt, die deshalb besondere Beachtung verdienen, weil er unabhängig von den in Wirklichkeit nur mangelhaft zutreffenden Voraussetzungen der Elastizitätstheorie die Gültigkeit der Trapezregel zu erweisen versucht[1]. Mohr geht dabei nur von den immer zutreffenden rein statischen Gleichgewichtsgesetzen aus, und es gelingt ihm dabei, doch schon recht tiefgehende und bedeutungsvolle Einblicke in den Spannungszustand zu geben, ohne über das elastische Verhalten (Elastizitätsmodul, Querdehnung in den einzelnen Teilen) irgendwelche Voraussetzungen zu machen.

Mohr betrachtet die Verteilung der Spannungen σ_x, σ_y, τ in einer horizontalen Fuge. In der Praxis nahm man meist nur die Normalspannungen σ_x nach der Trapezregel verteilt an, und kümmerte sich um die Schubspannungen und σ_y-Spannungen weiter nicht. Nun hatten einige amerikanische Ingenieure auch die Schubspannungen in Entsprechung zum Balken parabolisch verteilt angenommen und daraus weitere Schlüsse gezogen. Mohr weist nun nach, daß von den drei Spannungen σ_x, σ_y, τ nur eine willkürlich angenommen werden darf, und daß aus dieser einen dann die Verteilung der beiden andern zwangsläufig aus Gleichgewichtsbedingungen sich ergibt. Am Rande bestehen zwischen den σ_x, σ_y, τ und der bekannten Normalkraft zum Rand (an der Luftseite = Null) je zwei Gleichungen. Aus einer folgen also die

---

[1] Mohr: Der Spannungszustand einer Staumauer. Z. öst. Ing.-V. 1908. Auch in seinen gesammelten Abhandlungen.

beiden anderen sofort. Im Innern des Querschnitts gelten zwischen den drei Kräften die beiden bekannten Differentialgleichungen

$$\frac{\partial \sigma_y}{\partial x} + \frac{\partial \tau}{\partial y} = 0,$$

$$\frac{\partial \sigma_x}{\partial y} - \frac{\partial \tau}{\partial x} + \gamma = 0$$

($\gamma =$ Raumgewicht des Mauerwerks). Sie bestimmen mit den genannten Grenzbedingungen am Rande aus der Verteilung einer der Kräfte, die Verteilung der beiden andern vollständig. Mit der nach der Trapezregel verteilten Normalspannung σ_x sind also auch σ_y und τ in ihrem Verlauf über den Querschnitt gegeben. Mohr untersucht nun an verschiedenen Querschnittsformen die Verteilungsgesetze, wenn entweder die σ_x-Spannung nach der Trapezregel angenommen oder von einer parabolisch verteilten Schubspannung ausgegangen wird. Bei der zweiten Annahme ergibt sich beim praktischen Talsperrenquerschnitt für σ_y eine Verteilung mit einem schroffen Wechsel von starken Zug- zu Druckspannungen. Die erste Annahme dagegen führt im allgemeinen zu einer verhältnismäßig viel gleichmäßigeren Spannungsverteilung, bei der oben erwähnten auch von Mohr untersuchten Grundbelastung (Grunddreieck mit bis an die Spitze reichendem Wasserspiegel) zur linearen Verteilung aller drei Spannungen. Das innere Arbeiten des Mauerkörpers, bei dem im Laufe der Zeit sich schwer beanspruchte Teile zugunsten weniger beanspruchter entlasten, führt immer mehr zu einer gleichmäßigen Spannungsverteilung. Die gleichmäßigste Spannungsverteilung, die sich mit den statischen Gleichgewichtsbedingungen vereinbaren läßt, ist die wahrscheinlichste. Es kommt bei diesen Gedankengängen Mohrs etwas versteckt — vom elastischen Verhalten wird ja abgesehen — das Prinzip der kleinsten Formänderungsarbeit zum Vorschein, das übrigens auf dem Gebiet der Festigkeitslehre nur ein Sonderfall eines viel allgemeineren physikalischen Grundprinzips ist und etwa als das Prinzip des kleinsten Widerstandes oder der kleinsten Wirkung bezeichnet werden kann. Für das einfache und gleichmäßige Spannungsbild, das aus der Annahme einer linearen Verteilung der σ_x-Spannungen folgt, hat damit Mohr einen Wahrscheinlichkeitsbeweis gegeben, der um so höher zu bewerten ist, als er über Materialeigenschaften gar keine Voraussetzungen macht. Streng ist der Beweis natürlich nicht, es ist sehr wohl denkbar oder wahrscheinlich, daß bei der Verschiedenartigkeit des elastischen Verhaltens des Mauerwerks bei einer anderen, von der linearen etwas abweichenden Spannungsverteilung die Formänderungsarbeit noch geringer wird. Eine weitere Berechnung ist jedoch unmöglich und zwecklos, es genügt zu wissen, daß die lineare Spannungsverteilung näherungsweise in Wirklichkeit statthaben muß.

Die größten und damit gefährlichsten Spannungen finden sich unten in der Nähe der Fundamentfuge. Es war oben schon davon die Rede, daß hier auch vom rein theoretischen Standpunkt aus Störungen in der linearen Verteilung der Normalspannungen zu erwarten sind. Die oben erwähnten theoretischen Untersuchungen von Lévy, Mitchell und Fillunger nehmen alle auf die besonderen Einspannungsverhältnisse an der Sohle keine Rücksicht. Sie setzen einen bis ins unendliche fortgesetzten dreieckförmigen Mauerkörper voraus. Ihre Ergebnisse, also die lineare Spannungsverteilung, sind mithin nur in einem gewissen Abstand oberhalb der Sohle mit größerer Näherung gültig. Die Störung bzw. die Spannungsverteilung in Nähe der Sohle hängt natürlich wesentlich vom Verhältnis der Elastizität des Untergrundes zu der des Mauerbaustoffes ab. Die analytische Behandlung der Frage ist naturgemäß nicht leicht und erst in einem Sonderfall von K. Wolf in Angriff genommen[1]. Wolf kommt zu seiner Lösung unter der Voraussetzung, daß der Untergrund vollständig starr ist. Für ein praktisches Beispiel, Dreieck mit Spitzenwinkel von 45°, $\gamma = 2$, Wasserbelastung bis zur Spitze, rechnet er die Spannungen an der Sohle und in halber Höhe aus. In halber Höhe stimmen sie mit der Lévyschen Lösung, also dem Trapezgesetz, fast vollkommen überein. Am Grunde ergeben sich Abweichungen, und zwar in der Richtung, daß in Fugenmitte die Spannungen σ_x und τ größer, an den Enden bis zu 30% kleiner sind als bei linearer Verteilung. Diese Ergebnisse findet Wolf auch an englischen Versuchen, die mit Gummimodellen ausgeführt wurden, bestätigt.

Nun hat jedoch das Gestein im allgemeinen etwa denselben Elastizitätsmodul wie Beton. Er wird sogar infolge der Zerklüf-

---

[1] Wolf, K.: Zur Integration der Gleichung $\triangle \triangle F = 0$ durch Polynome im Falle des Staumauerproblems. Sitzungsber. d. Akad. d. Wissensch. Wien, math.-naturw. Kl. 1914.

tung, die auch der beste Fels in seiner natürlichen Lagerung aufweist, noch nachgiebiger anzunehmen sein. Es findet also gewiß eine Eindrückung der Staumauer statt. Wenn man nun einen Stempel auf eine ebene, sehr dicke Unterlage drückt, wobei Stempel und Unterlage ein ähnliches, elastisches Verhalten haben sollen (ähnliches E), so kann man von vornherein mit aller Sicherheit sagen, daß am Rande die stärksten Pressungen auftreten. Die ebene Unterfläche des Stempels wird sich konvex ausbiegen, die Randfasern sind infolgedessen mehr gepreßt. Oder von der Seite der Platte her betrachtet, in den mittleren mehr heruntergedrückten Teilen wirkt nur ein kleiner, annähernd vertikal begrenzter Zylinder mit seiner Formänderungsarbeit dem Druck auf einer über ihm liegenden Flächeneinheit entgegen, am Rande dagegen werden noch weit größere seitabliegende Teile durch die Schubkräfte zur Mitwirkung mit herangezogen. Für den vollständig starren Stempel hat übrigens Dr. Schleicher im Bauingenieur die Spannungen ausgerechnet[1], sie steigen für die Randfasern theoretisch sogar auf unendlich an. So gibt also für den in Wirklichkeit elastischen Untergrund die sonst sehr schöne und wertvolle Untersuchung Wolfs doch ein ganz falsches Bild, und auch die mit weichem Gummi auf einer dieser gegenüber als starr anzusehenden Unterlage ausgeführten Versuche haben keine Beweiskraft, ebensowenig wie die obengenannte Druckverteilung unter einem harten Stempel mit einem Gummistempelversuch festgestellt werden könnte. In Wirklichkeit wird also das Bild der Spannungsverteilung dem Wolfschen gerade entgegengesetzt sein, die Mitte der Fuge wird

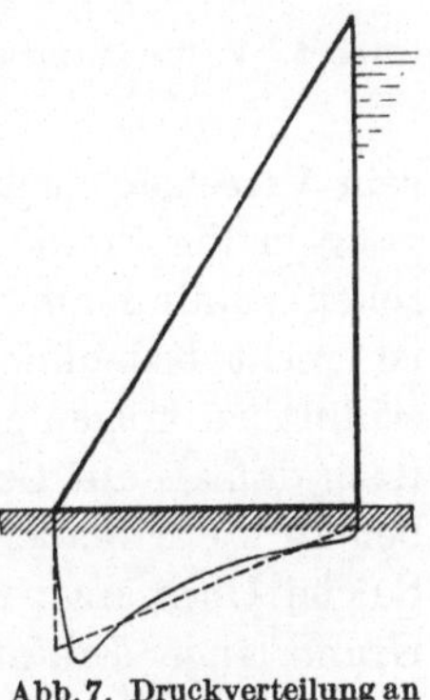

Abb. 7. Druckverteilung an der Sohle.

entlastet und an den Enden, besonders an der Luftseite, wird die Spannung größer sein als die rechnungsmäßige (s. Abb. 7).

Angesichts dieser Mehrbeanspruchung ist eine Verstärkung und kräftige Ausrundung des luftseitigen Fußes ähnlich wie auf Abb. 6 gewiß empfehlenswert, die auch infolge der verstärkten Auftriebswirkung in der Sohle schon als vorteilhaft erkannt

---

[1] Schleicher: Zur Theorie des Baugrundes. Bauing. 1926.

wurde. Ganz im Gegensatz dazu steht eine Profilausbildung, die Résal[1] vorschlägt (Abb. 8). Er geht von dem Gedanken aus, daß die für die Berechnung maßgebenden Schnitte senkrecht zur Symmetrielinie des Querschnitts geführt werden müssen. Aus diesen Schnitten leitet er die Hauptspannungen am luftseitigen Rande ab. Er beweist dann mit einer langwierigen Rechnung, daß für den Teil oberhalb der durch den wasserseitigen Fußpunkt gehenden Fuge AC' (Abb. 8) die Hauptspannungen sich ebenso groß ergeben, wie man sie von horizontalen Fugen ausgehend findet. Für einen unterhalb C' gelegenen Punkt N' führt der Schnitt $N'N$ zu einer kleineren Hauptspannung als die horizontale $N'N''$, weil zwischen A und N die Wasserbelastung fehlt. Daraufhin schwächt dann Résal den Fuß in der aus der Abbildung erkenntlichen Weise. Bei dem Gewicht, das Résals Name in Frankreich hatte, fand

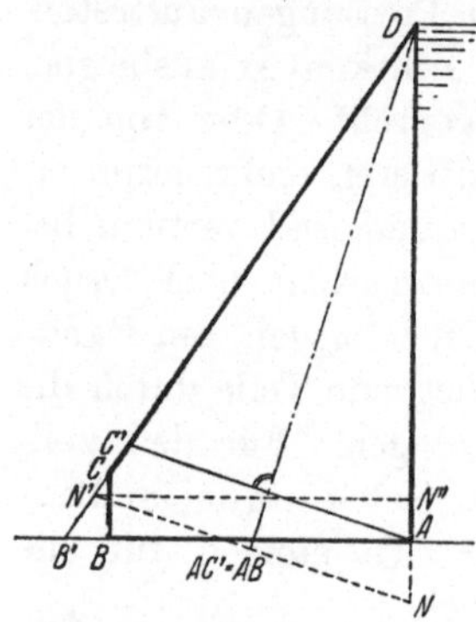

Abb. 8. Profilausbildung nach Résal.

sein Vorschlag auch sehr schnell behördliche Billigung und Eingang in die Praxis. Auch die Barberinesperre ist, auf französischen Einfluß hin, am Fuße abgeschnitten. Diese Schwächung ist recht bedenklich, und sie hat wohl nur deshalb nicht zu schlimmen Folgen geführt, weil man die Sperrenkörper in Frankreich damals auf Grund der Lévyschen Regel übertrieben stark bemaß. Der Mauerfuß vermittelt den Übergang ins Felsmassiv. Solche Übergänge und Ecken pflegt man im Maschinenbau auf Grund langer Erfahrungen durch gute Abrundung zu verstärken. Auch ohne alle Überlegungen über den Spannungsverlauf in der Sohle hätten einem diese erprobten Konstruktionsregeln auf alle Fälle eher zu einer Verstärkung wie zu einer Verschwächung der Ecke veranlassen sollen. Neuerdings scheint man in Frankreich nun doch wieder davon abgekommen zu sein. In den neuen französischen Bestimmungen (Oktober 1923) ist jedenfalls nicht mehr davon die Rede.

Résal war von Schnitten senkrecht zur Symmetrieachse,

---

[1] Résal: Ann. Ponts Chauss. 1919.

also schiefen Schnitten ausgegangen und hatte für diesen Fall mit beträchtlichem Rechenaufwand erwiesen, daß sie zu den gleichen Hauptspannungen wie horizontale Schnitte führen, wenigstens soweit sie vom wasserberührten Teil der Wasserseite ausgehen. Es läßt sich nun leicht ohne jede Rechnung einsehen, daß dieser Satz für das Grunddreieck mit der Grundbelastung ganz allgemein gilt.

Die Spannungen σ_x, σ_y, τ verteilen sich über einen horizontalen Schnitt streng nach Geraden (linear), über das ganze Profil nach Ebenen. Schneidet man also das Profil in einer beliebigen Fuge (Abb. 9), so verteilen sich auch entlang dieser die den ursprünglichen Achsen parallelen σ_x, σ_y, τ linear. Die zur Fuge normale Spannung σ ist nun nach der linearen Beziehung

$$\sigma = \sigma_x \cos^2 \alpha - \sigma_y \sin^2 \alpha + \tau_{xy} \sin 2\,\alpha$$

von den ursprünglichen Spannungen abhängig, verteilt sich also notwendigerweise wieder linear. Diese σ entsprechen, da sie

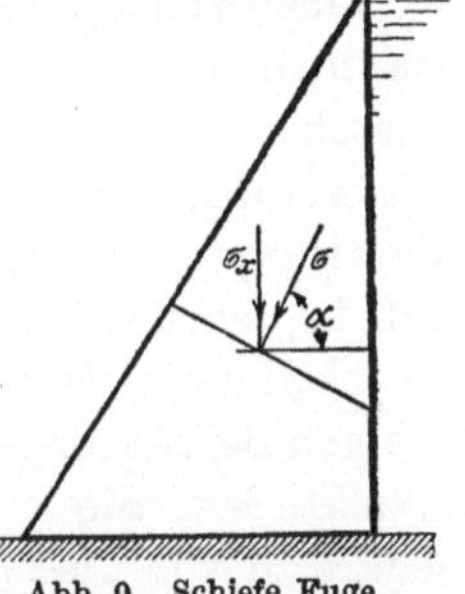

Abb. 9. Schiefe Fuge.

der Elastizitätstheorie genügen, den statischen Grundforderungen, stehen also mit der auf die Fuge wirkenden Resultante der äußeren Kräfte im Gleichgewicht, sind also notwendigerweise identisch mit den Spannungen, die eine unmittelbare Ableitung nach der Trapezregel ergibt. Diese unmittelbare Ableitung kann also beim Grunddreieck mit Grundbelastung wenigstens nichts Neues bringen. Bei den praktischen Profilen und Belastungen, bei denen sich die σ_x, σ_y, τ theoretisch über den Querschnitt nicht mehr ganz in Ebenen verteilen, müssen sich natürlich bei schiefen Schnitten geringe Abweichungen ergeben. Diese sind aber in den wichtigen unteren Fugen belanglos, da dort die störenden Einflüsse mehr zurücktreten (abgesehen von den Einflüssen der Einspannung, die sich durch schiefe Fugen auch nicht erfassen lassen). Die Mehrarbeit der Berechnung mit schiefen Fugen führt also bei den üblichen Profilen keineswegs zu genaueren Ergebnissen. Der kürzeste und nicht minder genaue Weg zur Ermittlung der Höchstspannung ist der, aus den in üblicher Weise bestimmten Spannungen in Horizontalschnitten die Hauptspannungen abzuleiten.

B. Die Spannungsberechnung.

1. Allgemeines über den Berechnungsgang.

In der Praxis begnügt man sich gewöhnlich damit, nur die Normalspannungen in horizontalen Fugen auszurechnen, auch in den statischen Betrachtungen des ersten Teiles über den Unterdruck war nur von diesen Spannungen die Rede. Sie sind jedoch nicht die größten und geben über die Art der Beanspruchung nur ein unvollständiges Bild.

Einen viel tieferen Einblick in den Spannungsverlauf geben die Hauptspannungen, und nicht mit Unrecht legen die neuen französischen Vorschriften einen großen Wert auf die Auszeichnung des Hauptspannungsgebildes bzw. der Spannungstrajektorien. Die Hauptspannungen zeichnen sich bekanntlich dadurch aus, daß in den zu ihnen senkrechten Ebenen die Schubspannungen verschwinden. Nun sind sowohl die wasser- wie auch die luftseitigen Begrenzungen frei von Schubspannungen. Die Spannungstrajektorien, die Richtung der Hauptspannungen, gehen also senkrecht von diesen Begrenzungen ab. Eine andere Schar dieser Trajektorien — es laufen ja durch jeden Punkt zwei aufeinander senkrechte — läuft dann diesen Begrenzungen parallel. Die von der Wasserseite ausgehende Schar (σ_1), die den Wasserdurck ins Fundament überleitet, wird durch das dazukommende Mauergewicht mehr und mehr nach unten abgedrängt und geht so, nach der Luftseite immer steiler werdend, als Druckspannung in den Boden. Eine zweite von der Luftseite ausgehende und dort mit Null beginnende Schar muß zu dieser senkrecht stehen. Damit hat man schon ohne Rechnung ein ungefähres Bild dieser Trajektorien.

Nun waren oben die Spannungen in die Grundspannungen und die Zusatzspannungen unterschieden. Die Grundspannungen σ_x, σ_y, τ hatten die einfache lineare Verteilung und nahmen auf einem durch die Spitze laufenden Radiusvektor proportional dem Abstand von der Spitze zu. Darüber lagerten sich dann als eine nach unten zu immer unmerklicher werdende Störung dieses linearen Bildes die Zusatzspannungen. (Von der rechnerisch bis jetzt noch nicht zu erfassenden Störung an der Sohle sei abgesehen.) Die nur aus den Grundspannungen resultierenden Hauptspannungen liegen natürlich in gleicher Weise ähnlich zur Spitze.

Die Richtung der Hauptspannung hängt nur von den Verhältnissen der σ_x, σ_y, τ ab, ist also auf einem Radiusvektor durch die Spitze unveränderlich, während die Größe der Hauptspannung auf einem solchen Radiusvektor proportional dem Abstand von der Spitze ist. Man braucht also diese Hauptspannungen nur für eine Fuge, etwa die unterste, zu bestimmen und kann daraus die der anderen Querschnittspunkte auf die einfachste Weise erhalten. Eine genaue Spannungsberechnung wird man also mit Vorteil getrennt für die Grundbelastung und die Zusatzlasten ausführen.

Als erstes wären für die unterste Fuge die Grundspannungen σ_x, σ_y, τ zu bestimmen. Aus diesen sind dann für die einzelnen Punkte dieser Fuge Richtung und Größe der Hauptspannungen festzulegen, und daraus dann das Bild der Grundbelastungshauptspannungen für den Querschnitt (Grunddreieck) zu entwickeln. Nun sind die Zusatzlasten zu bestimmen, die also vor allem in der Kronenlast bestehen, dazu kann noch unter Umständen Eisdruck kommen, ferner in seltenen Fällen ein Wasserdruckrechteck (positiv oder negativ), davon herrührend, daß die Spitze des Grunddreiecks über oder unter der höchsten Wasserspiegellinie liegt. Die sich daraus ergebenden Zusatzspannungen σ_x wird man nach der Trapezregel verteilt annehmen. Entsprechend ihrem Charakter als Zusatzspannungen wird es genügen, sich nur über die Größe und den Bereich ihres Einflusses zu vergewissern und sie und die zusätzlichen Hauptspannungen nur für einige Punkte der Luft- und Wasserseite zu berechnen. Bei höheren Sperren (über 30 bis 40 m) wird man von der Bestimmung der Zusatzspannungen, soweit nicht größerer Eisdruck in Frage kommt, überhaupt absehen können.

2. Formeln und Methoden für die Berechnung der Grundspannungen.

Das Grunddreieck sei nach der Luftseite mit $\operatorname{tg} \alpha = m$, nach der Wasserseite mit $\operatorname{tg} \beta = n$ geneigt. Die Spitze ist Koordinatenursprung, die x-Achse geht lotrecht nach unten, die y-Achse zeigt nach der Luftseite (Abb. 10). Für die Grundspannungen gelten die Lévyschen Formeln[1]

$$\sigma_x = a\,x + b\,y, \qquad \sigma_y = c\,x + d\,y. \qquad \tau = e\,x + f\,y \qquad (11)$$

[1] Siehe auch Fillunger: Öst. Wochenschr. Baudienst 1913.

mit den Abkürzungen

$$a = \frac{\gamma_m}{N_1}(m^2 + n^2) - \frac{\gamma_w}{N_2}(m - n - 2\,m^2\,n)$$

$$b = -\frac{\gamma_m}{N_1}(m - n) - \frac{\gamma_w}{N_2}(n^2 + 3\,m\,m - 2)$$

$$c = 2\frac{\gamma_m}{N_1}\,m^2\,n^2 - \frac{\gamma_w}{N_2}\,m^2\,(2\,m\,n^2 - m - 3\,n)$$

$$d = \frac{\gamma_m}{N_1}\,m\,n\,(m - n) - \frac{\gamma_w}{N_2}\,m\,n\,(m^2 - m\,n + 2)$$

$$e = -d$$

$$f = \gamma_m - a$$

$$(12)$$

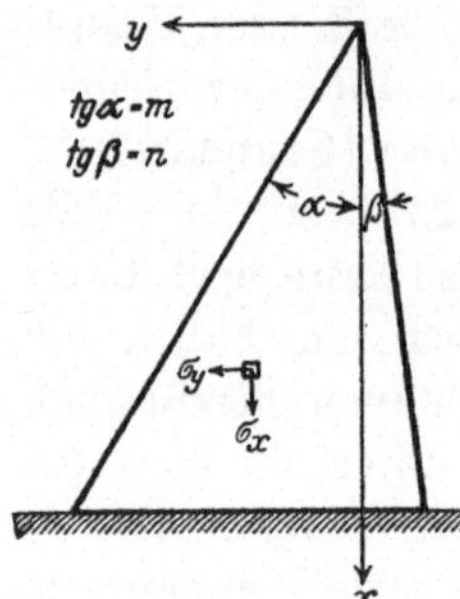

Abb. 10. Achsenrichtungen am Grunddreieck.

wobei

γ_m das **Raumgewicht des Mauerwerks**,
γ_w das **Raumgewicht des Wassers**

und

$$N_1 = (m + n)^2,$$
$$N_2 = (m + n)^3$$

bedeutet.

Die Hauptspannungen σ_1, σ_2 und die sie unter einem Winkel von 45^0 schneidende größte Schubspannung τ_m errechnen sich bekanntlich aus den σ_x, σ_y, τ eines Punktes nach den Formeln

$$\sigma_1 = \frac{\sigma_x + \sigma_y}{2} + \sqrt{\left(\frac{\sigma_x - \sigma_y}{2}\right)^2 + \tau^2},$$

$$\sigma_2 = \frac{\sigma_x + \sigma_y}{2} - \sqrt{\left(\frac{\sigma_x - \sigma_y}{2}\right)^2 + \tau^2},$$

$$\tau_m = \sqrt{\left(\frac{\sigma_x - \sigma_y}{2}\right)^2 + \tau^2},$$

$$(13)$$

und die Winkel β von σ_1, σ_2 mit der horizontalen y-Achse ergeben sich aus

$$\operatorname{tg}\beta = \frac{\sigma_x - \sigma_y \pm \sqrt{(\sigma_x - \sigma_y)^2 + 4\,\tau^2}}{2\,\tau}.$$

$$(14)$$

Die Formeln (13) sind, wenn man sie rational macht, quadratische Ausdrücke in den in x und y lineraren σ_x, σ_y, τ. Die Kurven σ_1 bzw. σ_2 oder $\tau_m = $ const., d. h. die Linien gleicher Hauptspannungen sind also Kegelschnitte. Bei den Linien $\tau_m = $ const. fehlen die in x und y linearen Glieder, der Koordinatenursprung ist also für alle Mittelpunkt. Die Mittelpunkte für σ_1 und $\sigma_2 = $ const. fallen dagegen i. a. mit dem Koordinatenursprung nicht zusammen. Für die Konstruktion sind diese Beziehungen eine kleine Hilfe. Die Formelgruppe (11) bis (14) gestattet also, für einzelne Punkte der untersten Fuge Größe und Richtung der Hauptspannungen zu bestimmen und danach das Bild der Spannungstrajektorien und die Linien gleicher Hauptspannungen in den Querschnitt zu konstruieren.

Dieser rein analytischen Methode kann eine einfachere und anschaulichere graphische gegenübergestellt werden. Da durch einen der drei Werte σ_x, σ_y, τ die übrigen beiden schon mit bestimmt sind, so kann man sich die vollständige Ausrechnung der umständlichen Formeln (12) sparen. Es genügt beispielsweise σ_x für die Randpunkte einer Fuge, etwa der untersten, auszurechnen, und aus dieser dann die σ_y, τ am Rande und damit die σ_x-, σ_y-, τ-Linien zu bestimmen. Für diese beiden Randpunkte ergibt sich

$$\sigma'_x = h \left[\frac{\gamma_m}{m+n} \cdot n + \frac{\gamma_w}{(m+n)^2} (1 - m\,n) \right] \text{(luftseitig)} ,$$

$$\sigma''_x = h \left[\frac{\gamma_m}{m+n} \cdot m - \frac{\gamma_w}{(m+n)^2} (1 - 2\,m\,n - n^2) \right] \text{(wasserseitig)} .$$

$$(15)$$

Formeln, die an Einfachheit nichts mehr zu wünschen übrig lassen und anstatt aus der Gruppe (12) auch unmittelbar aus den äußeren Kräften sich ergeben.

Zur Ermittlung der übrigen Randspannungen und dann weiter zur Bestimmung der Hauptspannungen bedient man sich mit Vorteil des Mohrschen Spannungskreises. Die Ableitung der Eigesnchaften dieses Kreises ist von Mohr in der Arbeit: „Welche Umstände bedingen die Elastizitätsgrenzen und den Bruch eines Materials" gegeben[1].

Durch ihn läßt sich der allgemeine Spannungszustand in einem Punkte, oder die Normal- und Schubspannung, die auf eine beliebige durch den Punkt laufende Ebene wirkt, sehr anschaulich darstellen. Mohr bezeichnet in Anlehnung an den allgemeinen Gebrauch in der Festigkeitslehre die Zugspannungen als

---

[1] Mohr: Techn. Mechanik Abh. V.

positiv, die Druckspannungen negativ. Die Schubspannungen nennt er dann positiv, wenn sie das Körperelement, auf das sie wirken, im Uhrzeigersinne zu drehen suchen. Bei der hier durchgehenden Art der Darstellung, Wasser rechts, Mauer links, sind

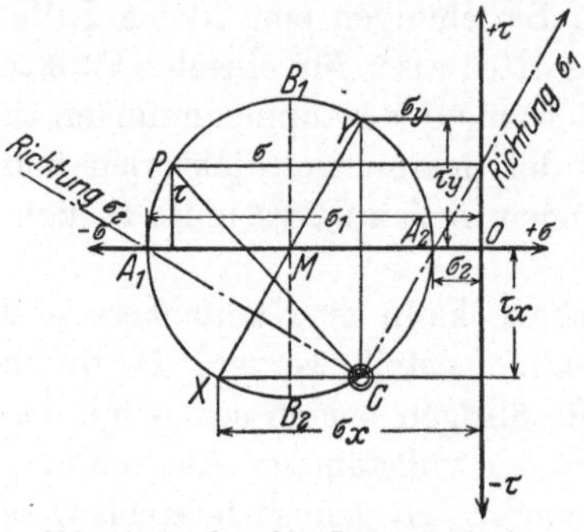

Abb. 11. Mohrscher Spannungskreis.

also die Schubspannungen in horizontalen Fugen normalerweise als negativ zu bezeichnen. Nach der Mohrschen Darstellung[1] werden nun die σ_x, σ_y, τ auf ein σ, τ-Achsenkreuz aufgetragen (Abb. 11). Die beiden Punkte x (σ_x, τ_x) und y (σ_y, τ_y) liegen auf einem Durchmesser des Spannungskreises, der also dadurch bestimmt ist. Der Durchmesser selbst ist $\sigma_1 - \sigma_2 = 2\,\tau_{max}$.

Eine Wagrechte und Senkrechte durch y und x bestimmen den Pol C. Jede durch den Pol C gelegte Kreissehne CP bestimmt durch die Koordinaten des Kreispunktes P nach Größe und Sinn die Normalspannung σ und die Schubspannung τ des durch den fraglichen Mauerpunkt parallel zu CP gelegten Schnittes. Die beiden Punkte A_1 und A_2 auf der σ-Achse bestimmen also die bei-

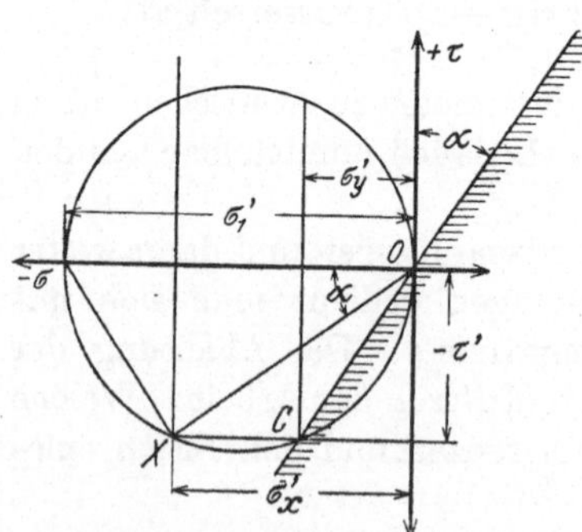

Abb. 12. Spannungskreis am luftseitigen Rand.

den Hauptspannungen σ_1 und σ_2 samt den Richtungen der Spannungstrajektorien. Die Punkte B_1 und B_2 liefern die um 45⁰ dazu geneigten Richtungen der τ_{max}. Die Beziehungen (13) und (14) lassen sich aus dem Spannungskreis direkt ablesen.

Zur festen Unterscheidung seien die Spannungen an der Luftseite mit einem, die an der Wasserseite mit zwei Strichen bezeichnet. Am luftseitigen

Rande ist die eine Hauptspannung gleich Null und die andere parallel dem Rande. Der Spannungskreis geht also durch den Nullpunkt O hindurch, und man findet ihn (Abb. 12), indem

---

[1] Mohr: Techn. Mechanik. 2. Aufl. VIII, 11.

man unter dem Abstand σ_x zur σ-Achse eine Parallele zieht und diese mit der Geraden OX unter dem Winkel α zur $-\sigma$-Achse schneidet. Aus der Abbildung lassen sich unmittelbar die Beziehungen herauslesen

$$\tau' = \sigma_x'' \, \mathrm{tg}\,\alpha$$

$$\sigma_y' = \sigma_x' \, \mathrm{tg}^2\,\alpha \tag{16}$$

$$\sigma_1' = \frac{\sigma_x'}{\cos^2\alpha} = \sigma_x'(1 + \mathrm{tg}^2\,\alpha)$$

$$\tau_m' = \frac{\sigma_1'}{2},$$

die auch zur Berechnung der Randspannungen dienen können.

Am wasserseitigen Rande ist normalerweise die größere Hauptspannung σ_1 gleich dem Wasserdruck p, und senkrecht zum Rande gerichtet. Man trägt die Hauptspannung p auf der σ-Achse ab (Abb. 13) und zieht zur τ-Achse im Abstand σ_x'' eine Parallele. Diese schneidet man mit einer vom Endpunkt von p ausgehenden und unter dem Winkel β zu ihr geneigten Geraden. Durch den Schnittpunkt ist der Kreis, und damit τ'', σ_y'', σ_2'' bestimmt. Aus der Figur kann man die Beziehungen

$$\tau'' = (p - \sigma_x'') \, \mathrm{tg}\,\beta$$

$$\sigma_y'' = p - \tau'' \, \mathrm{tg}\,\beta \tag{17}$$

$$\sigma_z'' = \sigma_x'' - \tau'' \, \mathrm{tg}\,\beta$$

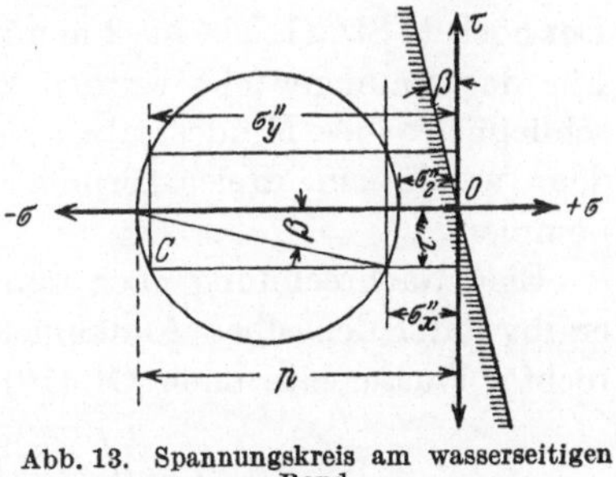

Abb. 13. Spannungskreis am wasserseitigen Rand.

wieder unmittelbar ablesen.

Man sieht auch an ihr, daß die Bedingung, Normalspannung σ_x'' gleich Null, wenn $\beta > 0$ ist, nicht genügt, um Zugspannungen in der Randzone zu vermeiden. Es wird in diesem Fall eine positive Hauptspannung (Zug) von

$$\sigma_x'' = p \, \mathrm{tg}^2\,\beta$$

auftreten. Erst wenn

$$\sigma_x'' > p \sin^2\beta$$

erfüllt ist, ist der Rand vollständig zugspannungsfrei. Bei der Kleinheit des Winkels β haben diese Bedingungen bei Schwergewichtsmauern mehr theoretische wie praktische Bedeutung.

Sie sind aber, wie beiläufig bemerkt sei, bei den Pfeilern von aufgelösten Sperren, die ganz andere Neigungsverhältnisse haben, von Belang.

Nachdem nun für die Randpunkte σ_x, σ_y und τ auf diese Weise ermittelt ist, können diese Spannungen in ihrem linearen Verlauf für die ganze Fuge aufgezeichnet und daraufhin die Hauptspannungen vermittelst des Spannungskreises für Zwischenpunkte bestimmt werden.

3. Beispiel und Formeln für die Zusatzspannungen.

Das Spannungsbild sei nun für ein größeres Beispiel, das Profil der Schwarzenbachsperre, entwickelt. Die Sperre ist bekanntlich in Gußbeton errichtet und hat eine Höhe von 65 m. Das Profil zeigt die neueren, einfachen Formen und besteht aus einem Grunddreieck mit verbreiterter Krone mit (Abb. 14)

$$\operatorname{tg} \alpha = 0,712 = m$$
$$\operatorname{tg} \beta = 0,031 = n \, .$$

Der höchste Stau reicht bis 2 m unter die Spitze des Grunddreiecks, Für das Raumgewicht wurden 2,225 t/m³ zugrunde gelegt, einschließlich eines Mindestsatzes von 10% Blockeinlagen. Außerdem wurde ein dreieckförmiger Unterdruck mit $n = 1$ angenommen.

Eine Nachrechnung nach den hier entwickelten Grundsätzen ergibt unter denselben Annahmen für das Grunddreieck mit lotrechter Wasserseite nach Gl. (10)

$$\operatorname{tg} \alpha = \sqrt{\frac{2,225}{2,225^2 - 1}} = 0,750 \, .$$

Daraus errechnet sich für die Fundamentalfuge in einer Tiefe von 63 m unter dem Wasserspiegel eine Breite von

$$b' = 0,75 \cdot 63 = 47,25 \, \text{m} \, ,$$

während das vorhandene Grunddreieck

$$b = (0,712 + 0,031) \cdot 65 = 48,25 \, ,$$

also etwas mehr hat.

Grundspannungen. Das Spannungsbild für die Grundspannungen sei nun unter Wirkung des Auftriebs berechnet. Dieser bestimmt sich nach der Formel

$$\gamma_a = \frac{v'' u}{1 - u} \, .$$

Der Beton zeigte bei Wasserdichtigkeitsprüfungen eine Wasseraufnahme von im Durchschnitt 8 Raumprozent. Unter Berücksichtigung der 10% Blockeinlagen wird somit

$$v'' = 0{,}08 \cdot 0{,}9 = 0{,}072.$$

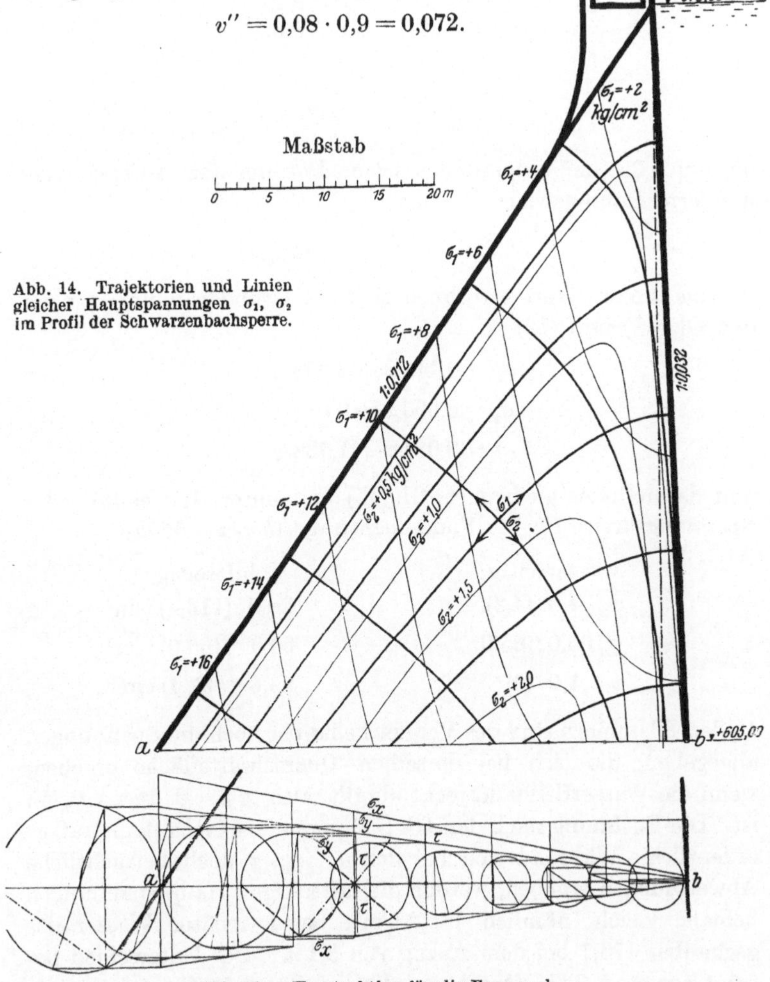

Abb. 14. Trajektorien und Linien gleicher Hauptspannungen σ_1, σ_2 im Profil der Schwarzenbachsperre.

Abb. 14a. Konstruktion für die Fuge a—b.

Über den prozentualen Gehalt an festen Stoffen u, der auf einfachste Weise durch die Hohlraumprozente des Zuschlaggemisches bestimmt werden kann, liegen mir Messungen nicht vor. Für das

Betongemisch sei deshalb der Gehalt an festen Stoffen zu 80%
geschätzt. Daraus ergibt sich u für das Mauerwerk einschließlich
Blockeinlagen zu

$$u = 0,8 \cdot 0,9 + 0,1 = 0,82$$

und

$$\gamma_a = \frac{0,072 \cdot 0,82}{0,18} = 0,328 \, t/m^3,$$

die auf $0,35 \, t/m^3$ aufgerundet seien. Das um den Auftrieb ver-
minderte Raumgewicht ist also

$$\gamma' = 2,225 - 0,35 = 1,875 \, t/m^3.$$

Aus diesem Wert errechnen sich als Grundspannungen nach
den Gl. (11) und (12)

$$\sigma_x = 0,142 \, x + 2,398 \, y$$

$$\sigma_y = 0,996 \, x - 0,084 \, y$$

$$\tau = 0,084 \, x + 1,733 \, y$$

und daraus oder auch nach Gl. (15) und unter Verwendung der
Spannungskreise für die Fundamentfrage ($h = x = 65$ m)

	wasserseitig	luftseitig	
σ_x	4,3 (4,2)	120,0 (113,4)	t/m^2
σ_y	65,0 (65,0)	60,9 . (65,0)	t/m^2
τ	1,9 (0)	85,6 (87,4)	t/m^2.

In den Klammern sind des Vergleichs halber noch die Spannungen
angegeben, die sich bei derselben Querschnittsfläche ergeben,
wenn die Wasserfläche lotrecht abfällt, also tg $\beta = 0$, tg $\alpha = 0,743$
ist. Die Rechnung nach den Gl. (12) vereinfacht sich dann außer-
ordentlich. Während sich bei den σ_x, σ_y, τ noch beträchtliche
Abweichungen ergeben, werden die luftseitigen Hauptspannungen
beinahe gleich, nämlich $176,2 \, t/m^2$, bei lotrechter Wasserseite
gegenüber 178,7 bei dem Anzug ven 3,1%. Der Unterschied beträgt nur etwa 2%. Man kann also bei Querschnittsermittlungen
mit vollem Recht die einfachen Formeln für lotrechte Wasserseite anwenden, wie es auch im Abschnitt „Unterdruck" ge-
schah.

Auf Abb. 14a sind nun die σ_x, σ_y, τ entlang der Fundament-

fuge aufgezeichnet und Größe und Richtungen der Haupt-
spannungen für eine Reihe von Punkten mittels des Mohrschen
Spannungskreises bestimmt. Man findet beispielsweise für den
Punkt c

$$\sigma_1 = -12,4; \quad \sigma_2 = -1,5 \,\mathrm{kg/cm^2}\,.$$

Diese Punkte werden nun durch Strahlen mit der Dreieckspitze
verbunden und auf diesen Strahlen die Punkte markiert, die den
Linien gleicher Hauptspannungen, die man aufzeichnen will, an-
gehören. Man kann die Entfer-
nungen dieser Punkte von der
Dreieckspitze L_k mit einer ein-
zigen Rechenschieberstellung ablesen, die ausdrückt

$$\frac{L_k}{\sigma_k} = \frac{L_c}{\sigma_c}\,.$$

Die Verbindung dieser Punkte
liefert die Linien gleicher Hauptspannungen.

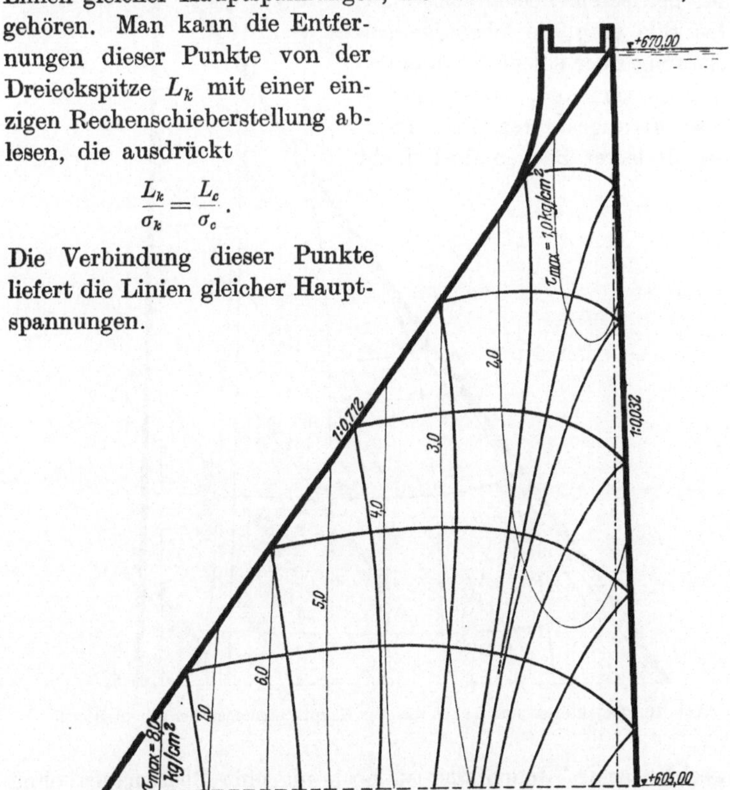

Abb. 15. Trajektorien und Linien gleicher Hauptschubspannungen.

Auf einem Strahl L hat die Hauptspannung dieselbe Richtung. Durch Einzeichnen einer Reihe von Tangenten läßt sich
also das Bild der Spannungstrajektorien gewinnen.

Auf ähnliche Weise sind dann auf Abb. 15 die Linien gleicher Hauptschubspannungen konstruiert und Hauptschubspannungstrajektorien eingetragen. Die Hauptschubspannungen sind bekanntlich gleich den Halbmessern der in Abb. 14a gezeichneten Spannungskreise und ihre Richtungen sind gegen die der Hauptnormalspannunge num 45° geneigt.

Als Ergänzung ist dann noch auf Abb. 16 der Spannungsverlauf bei leerem Becken beigefügt. Das Bild mag die lebendige Anschauung über solche Spannungsverläufe vertiefen, sonst dürften diese oft angestellten Berechnungen für leeres Becken doch recht

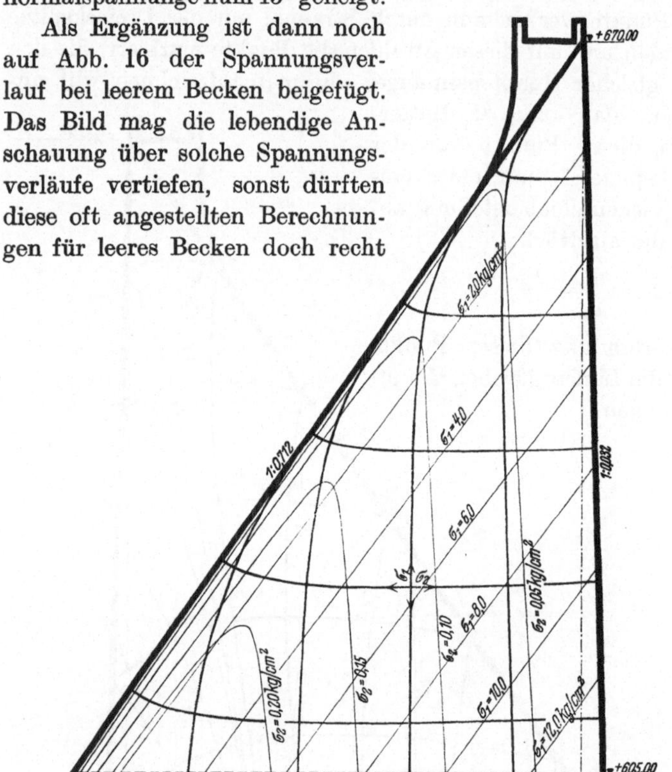

Abb. 16. Trajektorien und Linien gleicher Hauptspannungen bei leerem Becken.

zwecklos sein. Jedenfalls ist noch nie eine Sperrmauer ohne Wasserbelastung gebrochen.

Die Abb. 14 zeigt, daß positive Hauptspannungen (Zugspannungen) nirgends auftreten.

Die Hauptschubspannungen haben im Innern des Querschnitts ein Tal, an der Luftseite ihre Größtwerte. Sie verdienen besondere Beachtung, sind doch nach der Theorie von Mohr die Schubspannungen in erster Linie für die Festigkeit maßgebend. Auch die Bruchfugen der zerstörten Mauern von L'Habra und Bouzey[1] laufen angenähert entlang den Hauptschubspannungstrajektorien, schneiden vor allem die Luftseite etwa unter 45°. Bei Bruchsteinmauern läßt man die Fugen gerne senkrecht zur Luftseite auslaufen und geht dadurch den gefährlichen Hauptschubspannungen aus dem Wege. Bei Gußbetonbauten bilden die wagerechten und lotrechten Blockgrenzen, die annähernd in die Richtungen der Hauptschubspannungen fallen, schwache Stellen. Sie sind besonders an der Luftseite aufs sorgfältigste zu verzahnen.

Die Zusatzspannungen. Über die Grundspannungen lagern sich nun die Zusatzspannungen, die von der **Kronenbelastung** einer **rechteckigen Wasserbelastung** und **Eislast** herrühren können. Wenn auch ihre genaue Berechnung auf Grund der theoretischen Untersuchungen von **Lévy, Mitchell** und **Fillunger** möglich ist, so wird man sich doch immer, entsprechend ihrem Charakter als im allgemeinen kleiner Spannungen, bei ihrer Berechnung mit einer linearen Näherung zufrieden geben. Außerdem nehmen sie im allgemeinen nach unten ab.

Es seien nun die allgemeinen Formeln angegeben und zur Veranschaulichung die Spannungen für das obige Beispiel für Höhen von 10, 20, 30 und 65 m unter der Spitze berechnet.

Die Kronenzusatzspannungen. Die Kronenlast wird durch eine Kraft K dargestellt, die im Abstand d von der lotrecht durch die Spitze des Grunddreiecks gehenden X-Achse angreift. Die Spannungen seien vermittels der Kernpunktsmomente ausgedrückt. Die Abstände des Luft- und wasserseitigen Kernpunktes von der X-Achse sind je

$$a' = \frac{2\,m - n}{3} \cdot h$$

$$a'' = \frac{m - 2\,n}{3} \cdot h \,.$$

(18)

Die entsprechenden Kernpunktsmomente

$$M' = (a' - d)\,K$$

$$M'' = (a'' - d)\,K$$

(19)

---

[1] **Bonnet:** Cours de Barrages S. 408, 409. **Paris** 1920.

und die Spannungen

$$\sigma'_x = + \frac{(a'' - d) \cdot K \cdot 6}{(m + n)^2 h^2}$$

$$\sigma''_x = - \frac{(a' - d) K \cdot 6}{(m + n)^2 h^2} .$$

(20)

Hier bedeutet das $+$-Zeichen wieder Zug.

Die Kronenzusatzspannungen haben also einen mit h und einen mit h^2 umgekehrt abnehmenden Teil.

Da sie im allgemeinen günstig wirken, also wasserseitig be-, luftseitig entlasten, wird man den kleinsten Wert der Kronenlast, also bei etwaigen Überfällen, einsetzen. Für unser Beispiel sei

$$K = 18\ \mathrm{t/m}$$

$$d = 4{,}30\ \mathrm{m} .$$

gesetzt.

Daraus ergibt sich

$$a' = \frac{2 \cdot 0{,}712 - 0{,}031}{3} \cdot h = 0{,}464\,h$$

$$a'' = \frac{0{,}712 - 2 \cdot 0{,}031}{3} \cdot h = 0{,}217\,h$$

und

h m	M'' $t \cdot m$	σ'_x t/m^2	$\sigma'_1 = \sigma'_x\,(1+m^2)$ t/m^2	M' $t \cdot m$	σ''_x t/m^2	$\sigma''_2 = \sigma''_x\,(1+n^2)$ t/m^2
10	$-\ 38{,}4$	$-4{,}17$	$-6{,}29$	$+\ \ 6{,}1$	$-0{,}66$	$-0{,}66$
20	$+\ \ \ 0{,}7$	$+0{,}02$	$+0{,}03$	$+\ 89{,}6$	$-2{,}44$	$-2{,}44$
30	$+\ 39{,}8$	$+0{,}48$	$+0{,}72$	$+173{,}1$	$-2{,}06$	$-2{,}06$
65	$+176{,}0$	$+0{,}45$	$+0{,}68$	$+465{,}0$	$-1{,}20$	$-1{,}20$

Die Wasserzusatzspannungen. Reicht der Wasserspiegel um $\triangle h\,m$ über die Spitze des Grunddreiecks, so besteht die Zusatzlast aus einem auf die ganze Höhe gleichen Druck $\triangle p = \triangle h . \gamma_w$. Liegt umgekehrt wie beim vorliegenden Beispiel die Spitze des Grunddreiecks um $\triangle h$ über dem Wasserspiegel, so hat man genau genommen nur unterhalb des Wasserspiegels $\triangle p = \triangle h \gamma_w$ voll in Abzug zu bringen, über dem Wasserspiegel nur die abgeschnittene Dreieckspitze. Da jedoch Wasserspiegel und Dreieckspitze selten viel voneinander abweichen, rechnet man am besten auch im letzten Fall mit einem gleichmäßig über die ganze Höhe abzuziehenden Druck. (Einer genauen Rechnung entsprechend den Formeln für Eisdruck steht jedoch nichts im Wege.)

Denkt man sich die Wasserseite treppenförmig in lotrechte und wagrechte Elemente zerlegt, so übt der Druck $\triangle p$ eine lotrechte und eine wagrechte Wirkung aus, von denen, wegen des geringen Anzuges, die wagrechte Wirkung weit überwiegt. Es ist

$$M_w = \triangle p \, \frac{h^2}{2}$$

$$\sigma'_{x\,w}, \sigma''_{x\,w} = + \frac{3 \, \triangle p}{(m+n)^2} \, . \tag{21}$$

Die lotrechte Wirkung greift in Abstand $\dfrac{h \cdot n}{2}$ von der X-Achse an und hat die Spannungen

$$\sigma'_x = + \frac{\triangle p \cdot n}{(m+n)^2} \, (2\,m - n)$$

$$\sigma''_x = - \frac{\triangle p \cdot n}{(m+n)^2} \, (4\,m + n) \tag{22}$$

zur Folge, die, wie man sieht, gegen (21) stark zurücktreten und im allgemeinen vernachlässigt werden können. Zusammengefaßt kann man auch schreiben

$$\sigma'_x = \frac{\triangle p}{(m+n)^2} \, [-3 + n\,(2\,m - n)]$$

$$\sigma''_x = \frac{\triangle p}{(m+n)^2} \, [3 - n\,(4\,m + n)] \, . \tag{23}$$

Die Spannungen sind von der Höhe unabhängig.

In vorliegendem Beispiel ist der Wasserspiegel 2 m niedriger als die Spitze des Dreiecks, also $\triangle p = -2 \, \text{t/m}^2$

$$\frac{\triangle p}{(m+n)^2} = \frac{-2}{0{,}552} = -362 \, \text{t/m}^2 \, ,$$

$$\sigma'_x = -3{,}62 \, (-3 + 0{,}043) = +10{,}7 \, \text{t/m}^2 \, ,$$

$$\sigma'_1 = 10{,}7 \, (1 + 0{,}712^2) = 16{,}1 \, \text{t/m}^2 \, ,$$

$$\sigma''_x = -3{,}62 \, (3 - 0{,}089) = -10{,}5 \, \text{t/m}^2 \, ,$$

$$\sigma''_1 = +2 \, \text{t/m}^2 = p \, ,$$

$$\tau'' = (2 + 10{,}5) \cdot 0{,}031 = 0{,}387 \, \text{t/m}^2 \, ,$$

$$\sigma''_2 = -10{,}5 - 0{,}387 \cdot 0{,}031 = -10{,}5 \, \text{t/m}^2 \, .$$

Eisdruckspannungen. Wirkt eine wagrechte Druckkraft H in einem Abstand $\triangle h$ unterhalb der Spitze, so findet man auf einfache Weise

$$\sigma_x' = -\frac{6\,H}{h\,(m+n)^2}\left(1 - \frac{\triangle h}{h}\right)$$

$$\sigma_x'' = +\frac{6\,H}{h\,(m+n)^2}\left(1 - \frac{\triangle h}{h}\right). \tag{24}$$

Die Eisdruckspannungen haben also ähnlich wie die Kronenspannungen einen mit h und einen mit h^2, von der Exzentrizität $\triangle h$ abhängigen abnehmenden Teil.

Nun sei ein Eisdruck von 20 t auf den lfd. Meter angenommen. Der Schub, der unmittelbar in Höhe der Eisfläche in den Überlaufpfeilern entsteht, ist unbedeutend, nämlich

$$\tau = \frac{20 \cdot 4{,}5}{1{,}5 \cdot 6{,}5} = 9{,}2 \text{ t/m}^2 ,$$

bei 4,5 m Pfeilerabstand und 1,5.6,5 m Pfeilerabmessungen.

Für die unteren Fugen ergibt die Ausrechnung (mit $\triangle h = -2$ m)

h m	σ_x' t/m²	σ_1' t/m²	σ_x'' t/m²	σ_2'' t/m²
10	—17,4	—26,2	+17,4	+17,4
20	— 9,8	—14,8	+ 9,8	+ 9,8
30	— 6,8	—10,2	+ 6,8	+ 6,8
65	— 3,2	— 4,8	+ 3,2	+ 3,2

Zusammenstellung. Nun seien noch die Grund- und Zusatzspannungen einander vergleichsweise gegenübergestellt, und die Zusatzspannungen dabei noch in Prozenten der Grundspannungen angegeben.

Luftseitige Hauptspannungen.

h	Grund- spanng.	Kronen- spannungen		Wasserzusatz- spannungen		Eiszusatz- spannungen		Gesamt- spannungen	
m	t/m²	t/m²	%	t/m²	%	t/m²	%	t/m²	%
10	— 27,8	—6,29	22,5	+ 16,1	58,0	—26,2	94,0	— 44,2	159
20	— 55,6	+0,03	0,5	+ 16,1	29,0	—14,8	26,6	— 54,3	98
30	— 83,5	+0,72	0,9	+ 16,1	18,2	—10,2	11,6	— 76,9	92
65	—181,0	+0,68	0,4	+ 16,1	8,9	— 4,8	2,6	—169,0	93

Wasserseitige Hauptspannungen.
(Parallel dem Rande.)

h m	Grundspannungen t/m²	Kronenspannungen t/m²	Wasserzusatzspannungen t/m²	Eiszusatzspannungen t/m²	Gesamtspannungen t/m²
10	—0,7	—0,7	—10,5	+ 17,4	+ 5,5
20	—1,3	—2,4	— 10,5	+ 9,8	— 4,4
30	—2,0	—2,1	—10,5	+ 6,8	— 7,8
65	—4,2	—1,2	—10,5	+ 2,2	—12,7

Die wasserseitigen Hauptspannungen senkrecht zum Rande sind gleich dem Wasserdruck, also immer Druckspannungen und brauchen nicht angeschrieben zu werden.

Die Tabellen zeigen, daß vor allem die Kronenspannungen nach unten stark zurücktreten. Da man praktisch bei neueren Sperren die Spitzen des Grunddreiecks fast immer in Höhe des Wasserspiegels legt, wird die unbequeme Wasserzusatzspannung nur in seltenen Fällen zu berücksichtigen sein. Die Eislast dürfte mit 20 t/m recht stark angenommen sein. Da der Mauerkörper durch Nachgeben sich vom Eisdruck zu entlasten sucht, wird dieser schlimmstenfalls nur Mauerrisse, nie unmittelbare Brüche zur Folge haben können. Er ist keine unmittelbar gefährliche Belastung. Großes Gewicht braucht mit Recht ihm nicht beigelegt zu werden. In der Hauptsache kommt als Zusatzlast nur die Kronenlast in Frage und diese verändert das Grundspannungsbild nur recht wenig[1].

III. Die Anstrengung.

A. Überblick über die Theorien der Grenzzustände.

Letzten Endes liegt jeder technischen Spannungsberechnung die Absicht zugrunde, sich Klarheit über den Anstrengungsgrad

---

[1] In einer ähnlichen Art habe ich bei der Vöhrenbachersperre einer Gewölbenreihenmauer, die Hauptspannungen für die Pfeiler bestimmt (siehe Beton und Eisen 1924; die Berechnung ist stark gekürzt). Da die Form der Pfeiler wesentlich vom Grunddreieck abweicht, so mußten für eine größere Zahl Fugen die Hauptspannungen jeweils für sich gerechnet werden. Auch die Darstellung der Größe der Spannungen ist dort etwas anders ausgeführt. Ohne die Verdienste des Herrn Dr. Maier an diesem Werk im geringsten schmälern zu wollen, möchte ich doch ausdrücklich feststellen, daß die in mancher Hinsicht eigenartige Berechnung in Anlage und Durchführung ganz von mir stammt.

des Materials, die Bruchgefahr zu verschaffen. Nicht die Höhe der Spannung interessiert im allgemeinen, sondern die Höhe der Beanspruchung, und das Ziel dieses Abschnittes ist, für den Staumauerquerschnitt die Orte oder Kurven gleicher Anstrengung zu bestimmen, oder, schärfer gefaßt, die Kurven, bei denen das Material bei einer gleichmäßigen multiplikativen Vergrößerung des Spannungszustandes gleichzeitig an die Bruchgrenze gelangt.

Man würde gewiß nicht sehr fehl gehen, wenn man diese Kurven in erster Annäherung mit den Kurven gleicher σ_1 zusammenfallen ließe, denn da σ_1 stark überwiegt, wird es auch fast allein für die Anstrengung maßgebend sein. Die grundsätzlich wichtige Frage der Anstrengung rechtfertigt jedoch noch eine eingehendere Behandlung.

Nur beim einachsigen Spannungszustand, bei dem der Körper nur in einer Richtung auf Zug oder Druck beansprucht wird, kann die Spannung einfach als Maß für die Beanspruchung genommen und unmittelbar mit der auf einfachste Weise gemessenen Zug- oder Druckfestigkeit verglichen werden. Wie ist nun beim allgemeinen, zwei- oder dreiachsigen Zustand, der durch Angaben von zwei oder drei Hauptspannungen charakterisiert ist, die Bruchgefahr zu beurteilen? Ist die Konfiguration der vom Körper noch bis zur Zerstörung aufnehmbaren Hauptspannungen von den einfachen Festigkeitsgrößen des Materials, der Zug-, Druck-, Schub-Festigkeit u. a. abhängig und in welcher Weise? Man stößt hier auf eine für die Technik fundamentale Frage. Seit den Anfängen der wissenschaftlichen Festigkeitslehre hat sie auch immer unsere Forschung beschäftigt und zu einer großen Mannigfaltigkeit von Hypothesen angeregt. Wenn sie auch zweifellos den wichtigsten Teil der Festigkeitslehre bildet, ist sie auch gleichzeitig einer der schwierigsten, an dem die mehr mathematisch formalen Methoden der Spannungslehre versagen, und der nur in stetem Hinblick auf den Versuch und unter der dauernden Kontrolle der Erfahrungen geklärt werden kann. Es liegt also in der Natur der Sache, daß trotzdem gerade in den letzten Jahrzehnten einige sehr bemerkenswerte Lösungsversuche zu verzeichnen sind, eine restlos befriedigende und allgemein anerkannte Theorie noch nicht besteht. Immerhin verdankt man gerade diesen neueren Theorien manchen wertvollen Einblick in den Bruchvorgang und sie sind als Arbeitshypothesen innerhalb gewisser Grenzen alle recht gut zu gebrauchen.

Der nächstliegende Gedanke, die größte (oder kleinste) Hauptspannung für die Beanspruchung als maßgebend anzusehen und ihr die elementare Druck- oder Zugfestigkeit als Grenze zuzuschreiben, steht mit der Erfahrung in Widerspruch, daß ein Körper unter allseitigem Druck um das Vielfache höher belastet werden kann, als bei einachsiger Beanspruchung. Die größte Spannung kann also allgemein beim dreiachsigen Zustand kein Maß für die Beanspruchung bilden.

Auch die naheliegende Auffassung, die größte Dehnung, die infolge der Querkontraktion unter Mitwirkung aller drei Hauptspannungen zustande kommt, als Maß für die Beanspruchung zu nehmen und mit der Dehnung beim einachsigen Bruch zu vergleichen, eine Methode, die zur Berechnung der Ersatzspannungen geführt hat, stößt mit der Erfahrung auf Widerspruch. So kann z. B. eine Dehnung, die durch eine bestimmte einachsige Zugspannung hervorgerufen wird, auch durch die m (Querdehnungszahl)-fache senkrecht zu ihr wirkende Druckspannung erhalten werden. Bei isotropen Materialien wäre also nach der Dehnungstheorie die Druckfestigkeit etwa gleich der m-fachen Zugfestigkeit — ein Ergebnis, das bei Eisen (abgesehen von Gußeisen) nicht annähernd zutrifft. — Nimmt man neben einer größten Dehnung noch eine größte Stauchung für die Festigkeit als maßgebend an, so kann man für das genannte Beispiel der Erfahrung zwar gerecht werden. Es ist jedoch nicht recht einzusehen, warum nur die eine größte Dehnung (bzw. Stauchung) die Bruchfestigkeit bestimmen soll, während die beiden anderen Hauptdehnungen, die doch das Gefüge wesentlich mit beeinflussen, für die Festigkeit belanglos sein sollen. Die Dehnungstheorie steht auch in der Tat mit genaueren Versuchsergebnissen nach dieser Richtung hin in Widerspruch und muß als veraltet fallen gelassen werden.

Man hat ferner vorgeschlagen, die Festigkeit durch die auftretende größte Scherspannung oder durch die Schiebung begrenzt anzunehmen. Die größte Scherspannung ist proportional der Differenz der äußersten Hauptspannungen $\sigma_1 - \sigma_3$. Es ist kaum zu erwarten, daß nur der Differenzbetrag dieser

Hauptspannungen auf die Festigkeit von Einfluß sein soll und nicht auch ihre Absolutwerte. Bei allseitigem Zug, den jeder Körper gewiß nur in sehr begrenztem Maße aushalten kann, tritt gar keine Schiebung auf. Die einfache Schubtheorie kann also ebenso wenige befriedigen, wie die einfache Spannungs- oder Dehnungstheorie.

Mehr Vertrauen verdient die erweiterte Schubtheorie von Duguét, die auch die größte Schubspannung als maßgebend für den Bruch annimmt, aber eine Abhängigkeit dieser größten aufnehmbaren Schubspannung von der in der betreffenden Fläche wirkenden Normalspannung voraussetzt, sich also in der Form schreiben läßt:

$$\tau_{max} = K_s - c\sigma.$$

Diese Hypothese, die schon 1885 aufgestellt wurde, hat heute noch viele Anhänger und mit den neueren Theorien von Mohr oder Sandel manche Ähnlichkeit. Wie zu erwarten ist, fügen sich auch ihr die Versuchsergebnisse nicht ganz. Ein so komplizierter und bei verschiedenen Materialien in der mannigfaltigsten Weise verlaufender Vorgang wie der Bruchvorgang, wird sich kaum durch zwei Material-Konstante restlos erfassen lassen.

An diese älteren, zum Teil mit großen Mängeln behafteten Theorien reihen sich in neuerer Zeit drei besonders beachtenswerte Vorschläge, über die das Urteil noch nicht abgeschlossen ist. Es sind dies die erweiterten Schubtheorien von Mohr und von Sandel, und die aus allerjüngster Zeit stammende Energiehypothese von Schleicher.

Die Mohrsche Hypothese[1] hat sich in neuerer Zeit sehr stark durchgesetzt und besitzt den Vorzug großer Anschaulichkeit. Den Ausgangspunkt bildet die gleichfalls von Mohr gegebene überaus anschauliche Darstellung des Spannungszustandes durch den Spannungskreis, der für den zweiachsigen Spannungszustand oben schon benutzt wurde. Der Kreis ist über der Differenz der Hauptspannungen errichtet und gibt in seinen Peripheriepunkten die Normal- und Schubspannungen für jeden senkrecht auf der Spannungsebene stehenden Schnitt. Der allgemeine Spannungszustand hat nun drei von Null verschiedene Hauptspannungen,

---

[1] Gesammelte Abhandlungen: „Welche Umstände bedingen die Elastizitätsgrenze und den Bruch eines Materials."

die drei, je durch zwei von ihnen gelegte Hauptspannungsebenen
bestimmen. Für jede dieser Hauptspannungsebenen läßt sich
über der Differenz der beiden Hauptspannungen ein Spannungskreis zeichnen, der demnach die Spannungen in sämtlichen
senkrecht auf dieser Hauptspannungsebene stehenden Schnitten
repräsentiert. Diese drei Spannungskreise (Abb. 17) berühren
sich, und stellen also die Spannungen für die drei ausgezeich-
neten, je eine Hauptachse enthaltenden Ebenenbüschel dar.
Nun gehen durch den Punkt noch unendlich viele, beliebig ge-
neigte Ebenen, und die zusammengehörigen Normal- und Schubspannungen dieser Ebenen liegen
innerhalb des in Abb. 17 schraffierten Gebietes zwischen den drei
Hauptspannungskreisen. Es ist also
der ganze räumliche Spannungszustand, also Normal- und Schubspannung, für jeden durch den Körperpunkt gehenden beliebig gerichteten Schnitt auf die Ebene abge-
bildet. Zu jedem Schnitt durch den
Körperpunkt läßt sich der Span-

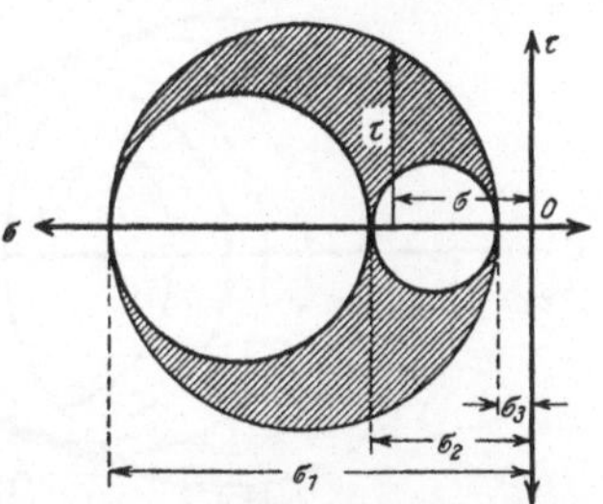

Abb. 17. Spannungssystem in einem
Körperpunkte.

nungspunkt innerhalb des schraffierten Gebietes eindeutig angeben, und umgekehrt zu jedem Spannungspunkt innerhalb des
schraffierten Gebietes der Schnitt des Körperpunktes, in dem
die durch den Punkt dargestellten Normal- und Schubspannungen herrschen. Auf die Geometrie dieser Beziehungen kann hier-
nicht eingegangen werden.

Mohr sagt nun, in einer unter einer bestimmten Normalspannung stehenden Ebene tritt der Bruch erst dann ein, wenn
die Schubspannung in dieser Ebene eine bestimmte Grenze
überschreitet. Für jede Normalspannung gibt es eine Schubspannung, welche die Zerstörung herbeiführt. Die Schubspannungen bilden also die eigentliche Bruchursache. Mohr faßt
die Brüche als Verschiebungsbrüche auf.

Die größte Schubspannung, die zu einer bestimmten Normalspannung gehört, liegt auf dem größten Hauptspannungskreis
über $\sigma_1 - \sigma_3$. Dieser Kreis ist also der gefährlichste. Er ist
von der mittleren Hauptspannung σ_2 nicht abhängig, und die
erste überraschende Folgerung aus der Mohrschen Hypothese

ist also die, daß die Größe der mittleren Hauptspannung auf
den Bruch ganz ohne Einfluß ist. Während sich sonst seine
Hypothese den Erfahrungsergebnissen im weitesten Umfang an-
passen kann, bildet diese Folgerung den springenden Punkt für
ihre grundsätzliche Richtigkeit.

Das Spannungspaar $\sigma\tau$, bei dem der Bruch gerade eintritt,
kann man als den Grenzzustand bezeichnen. Je größer die Druckspannung in einer Ebene ist, einem um so größeren Schub wird
sie widerstehen können. Die Kurve, die den Zusammenhang von

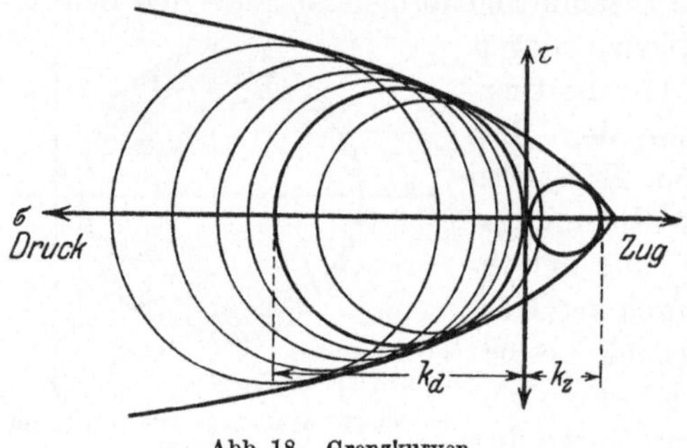

Abb. 18. Grenzkurven.

σ und τ beim Grenzzustand wiedergibt,
die Grenzkurve, wird
also mit steigendem $\dot\sigma$
dauernd wachsende
Ordinaten, die τ zeigen. Sie ist gleich-
zeitig die Einhüllende
für die die Grenz-
zustände bestimmen-
den Hauptkreise
(Abb. 18). Von diesen
Kreisen sind von vornherein zwei bekannt, die Hauptkreise k_z
und k_d für die einachsige Zug- und Druckfestigkeit, und es ist
nun Aufgabe der experimentellen Forschung, den weiteren Verlauf der Grenzkurve festzustellen.

Die Mohrsche Theorie vermag also — soweit ihre Voraussetzungen richtig sind — sich den experimentellen Ergebnissen
in weitestem Umfange anzupassen, sie ist eigentlich nichts anderes als eine sehr anschauliche, geometrische Darstellungsart,
der beim Bruch vorhandenen Spannungszustände, ein geschicktes
Schema oder Gefäß zur Aufnahme der beim Versuch zu sammeln-
den Erfahrungen.

In Ermangelung näherer Kenntnisse über den Verlauf der
Grenzkurve schlägt Mohr vor, sie annäherungsweise als Gerade,
den Zug- und Druckkreis tangierende anzunehmen (Abb. 19),
und es gelingt ihm auf diese Weise, aus der Zug- und Druckfestigkeit weitere Grenzzustände, wie die Drehungs- und Scherfestigkeit, abzuleiten. Dabei bleibt natürlich abzuwarten, wie
weit die Versuchsergebnisse diesen angenommenen Verlauf der

Grenzkurve bestätigen. Für die Drehungsfestigkeit, bei der die
äußersten Hauptspannungen entgegengesetzt gleich sind, lautet
der Mohrsche Ausdruck (Abb. 19)

$$k_r = \frac{k_z \cdot k_d}{k_z + k_d}$$

und für die reine Scherfestigkeit, bei der die Schubebene
von Normalspannungen frei ist,

$$k_s = \frac{1}{2}\,\sqrt{k_z \cdot k_d}\,.$$

Für Beton stehen diese letzten Formeln mit den Versuchs-
werten tatsächlich nicht ganz in Einklang, die Grenzkurve biegt
zwischen Zug- und
Druckkreis recht stark
aus, worauf später noch
ausführlicher   einge-
gangen wird.

Auch die Grundvor-
aussetzung der Mohr-
schen Theorie, die Un-
abhängigkeit der Fe-
stigkeit von der mitt-
leren Hauptspannung
hat sich durch die
Versuche nicht voll be-
stätigt.

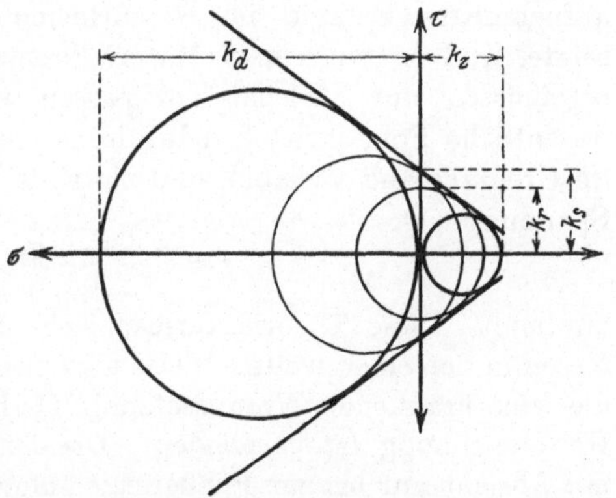

Abb. 19. Näherungsvorschlag Mohrs für die Grenzkurve.

Sandel[1] nimmt in seiner Hypothese als Bruchursache auch
den Schub an, er nimmt diesen jedoch im Grenzzustand, nicht
wie Mohr abhängig von der Normalspannung, sondern von der
mittleren Normalspannung $s = \dfrac{\sigma_1 + \sigma_2 + \sigma_3}{3}$. Seine Grenzglei-
chung lautet also

$$\tau_{\max} = K_s - f \cdot s\,.$$

Damit ist der mittleren Hauptspannung ein — wie die neueren
Versuche bestätigen — fraglos vorhandener Einfluß eingeräumt.
Die Fassung der Theorie erinnert stark an die Duguetsche, die
Einführung der mittleren Normalspannung statt der Normal-
spannung ist zweifellos eine glückliche Verbesserung. Trotzdem

---

[1] Sandel: Über die Festigkeitsbedingungen. Leipzig 1925.

ist nicht wahrscheinlich, daß sich der Grenzzustand durch zwei Materialfestwerte K_s und f genügend genau wiedergeben läßt. Sehr eingehende Vergleiche mit den Versuchsergebnissen sind mit der Sandelschen Theorie bisher nicht angestellt und es erscheint auch kaum wahrscheinlich, daß sie sich den Versuchsergebnissen wesentlich besser anzupassen vermag, als die Mohrsche Theorie.

Eine große Anpassungsfähigkeit an die Versuchsergebnisse hat die neue Theorie von Schleicher[1]. Er nimmt die im Körper aufgespeicherte Formänderungsarbeit als Maß für die Anstrengung. Solche Energiehypothesen sind schon seit langem aufgestellt. Währenddem man jedoch die bis zum Grenzzustand aufnehmbare Energie im wesentlichen als konstant voraussetzte, und so mit einem Materialfestwert sich den Versuchsergebnissen nur schlecht anzupassen vermochte, beruht der wesentliche Fortschritt Schleichers darin, daß er die Energie im Grenzzustand variabel, und zwar als Funktion der mittleren Spannung

$$s = \frac{\sigma_1 + \sigma_2 + \sigma_3}{3}$$

annimmt. Diese Theorie vermag sich also den Versuchsergebnissen in derselben weiten Weise anzupassen, wie die Mohrsche, die einschränkende Voraussetzung Mohrs über die mittlere Hauptspannung ist vermieden. Die Theorie Schleichers ist mit Absicht nur bis zur Fließgrenze aufgestellt. Nur bis dorthin läßt sich für ein Material, das dem Hookeschen Gesetze folgt, die Energie in einfacher Weise durch die Spannungen bzw. Dehnungen ausdrücken. Für ein Material wie Beton ist die Schleichersche Theorie nicht gut anwendbar. Außerdem haben alle Energiehypothesen den Nachteil, daß sie — die Energie ist ja eine skalare Größe — über die Richtung der gefährdetsten Schnitte, der Bruchfugen, keine Aussagen gestatten.

B. Die Konstruktion der Kurven gleicher Anstrengung.

Eine Theorie, die die Grenz- oder Bruchzustände restlos befriedigend erfaßt und wiedergibt, ist somit noch nicht gefunden.

---

[1] Schleicher: Der Spannungszustand an der Fließgrenze. Z. ang. Math. Mech. 1926; ferner: Über die Sicherheit gegen Überschreiten der Fließgrenze. Bauing. 1928, H. 15.

Für unsere Zwecke empfiehlt sich die Mohrsche wegen ihrer Anschaulichkeit, Anpassungsfähigkeit und weil sie die für den Konstrukteur wichtige Richtung der Bruchfugen zu bestimmen gestattet, am meisten.

Es handelt sich nun darum, die Form der Grenzkurve näher festzulegen.

Nach den neueren Anschauungen, die insbesondere auf Prandtl[1] zurückgehen, führt man nicht mehr alle Brucherscheinungen — wie Mohr — auf Verschiebungsbrüche zurück, sondern unterscheidet Verschiebungs- und Trennungsbrüche. Um

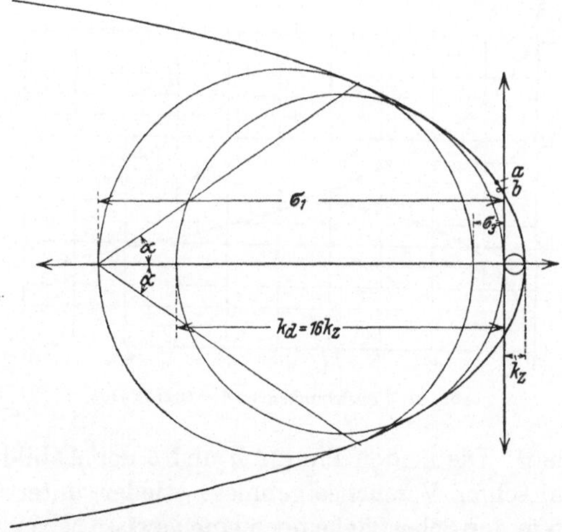

Abb. 20. Grenzkurve für Beton.

Verschiebungsbrüche handelt es sich jedenfalls, wenn alle drei Hauptspannungen Druckspannungen sind. Wird dagegen eine Hauptspannung zu einer Zugkraft in Größe der Zugfestigkeit k_z, so scheint der Bruch als Trennungsbruch mit einer glatten Trennungsfläche senkrecht zu dieser Spannung aufzutreten. Auch bei der Drehungs- oder — wie Mörsch sie nennt — Schubfestigkeit scheint beim Beton nach den vorliegenden Versuchen der Bruch durch die Hauptzugspannung hervorgerufen zu werden. Für die Grenzkurve hat man also eine Form anzunehmen,

---

[1] Vgl. dessen Vortrag auf der Naturforscher- und Ärzteversammlung Dresden 1908.

wie sie durch Abb. 20 wiedergegeben ist. Sie öffnet sich nach links, berührt den Druckkreis, schneidet die σ-Achse bei der Zugfestigkeit k_z und schmiegt sich hier dem Spannungskreis an, bei dem die Trennungsbrüche beginnen, dessen Durchmesser zum mindesten gleich dem Drehungsfestigkeitskreis anzunehmen ist. Der Konstruktion der Kurve ist ein Verhältnis von k_d zu $k_z = 16$ zugrunde gelegt, das im Mittel den Versuchsergebnissen entspricht. Der Schnitt mit der τ-Achse, die Scherfestigkeit, ist den vorliegenden Versuchen entsprechend etwas unter $\sqrt{k_d \cdot k_z}$

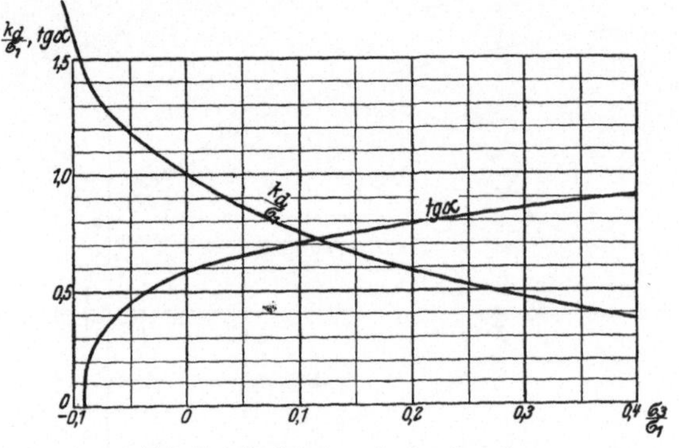

Abb. 21. Beziehungen in der Grenzkurve.

angenommen[1]. Die beiden Punkte a und b der Abbildung geben die Mörschschen Versuchsergebnisse wieder unter Rücksicht darauf, daß in der Scherfläche noch eine gewisse Normalspannung wirksam war[2].

In die Grenzkurve sind nun eine Anzahl Spannungskreise eingezeichnet, von denen außer dem Zug- und Druckkreis noch einer in der Abbildung wiedergegeben ist. Für jeden dieser

---

[1] Siehe Mörsch: Eisenbeton, 5. Aufl., Bd. 1, S. 79/93.

[2] Als die vorliegende Arbeit in der Hauptsache abgeschlossen war, veröffentlichte Prof. Gehler in Heft 2/4 des Bauing. 1928 eine auf reichem Versuchsmaterial begründete, genauere Konstruktion der Mohrschen Grenzkurve für Beton, die von der in Abb. 20 gegebenen jedoch nicht viel abweicht. Da es mir in der Hauptsache auf die grundsätzliche Entwicklung ankommt, möchte ich hier von einer Änderung absehen, jedoch für künftige ähnliche Untersuchungen der Anstrengungsverhältnisse die Gehlersche Kurve empfehlen.

Spannungskreise ist nun das Verhältnis $\frac{\sigma_3}{\sigma_1}$ und $\frac{k_d}{\sigma_1}$ bestimmt und in Abb. 21 dann ihre gegenseitige Abhängigkeit in einem rechtwinkligen Koordinatensystem aufgetragen. Der Zweck ist folgender: Sind in einem Mauerpunkt die äußersten Hauptspannungen σ_1 und σ_3 bekannt, so kann man mit Hilfe der aus Abb. 21 zu entnehmenden Verhältnisse $\frac{k_d}{\sigma_1}$ den Wert k_d entnehmen, durch den das Material, einachsig auf Druck beansprucht, dieselbe Sicherheit gegen Bruch hätte, wie bei der wirklich vorhandenen dreiachsigen durch σ_1 und σ_3 dargestellten Beanspruchung. Die auf solche Art bestimmten k_d bilden also im Vergleich mit der wirklich vorhandenen Druckfestigkeit ein einfaches Maß für die Beanspruchung. Die Abbildung verdeutlicht, wie mit wachsendem $\frac{\sigma_3}{\sigma_1}$ die Anstrengung (k_d) im Verhältnis zu σ_1 immer kleiner wird. Je gleichmäßiger ein Körper von allen Seiten gedrückt wird, um so höher ist seine Festigkeit.

Aus der Grenzkurve Abb. 20 lassen sich dann noch weiter die Richtungen der Bruchfugen bzw. die Winkel, die sie mit den äußersten Hauptspannungen bilden, entnehmen. Die Konstruktion ergibt sich ohne weiteres aus der oben kurz wiedergegebenen Theorie des Mohrschen Spannungskreises. Durch jeden Punkt laufen zwei solcher Bruchfugen, die symmetrisch zu den Hauptspannungsrichtungen liegen. In Abb. 21 ist die Tangente des Winkels zwischen den gefährdetsten Fugen und der größten Hauptspannung σ_1 gleichfalls in Abhängigkeit von $\frac{\sigma_3}{\sigma_1}$ dargestellt.

Die in den Mauerquerschnitten eingezeichneten beiden Hauptspannungen σ_1 und σ_2 der Abb. 14 sind nun nicht auf alle Fälle die nach Mohr für den Bruch maßgebenden äußersten. Die senkrecht zum Querschnitt wirkende dritte Hauptspannung σ_3 wird wegen des Schwindens eine Zugspannung, also kleiner als Null und damit auch kleiner als die in vorliegendem Fall noch überall positive σ_2 sein. Die durch σ_1 und σ_3 bedingten Brüche würden nicht senkrecht zur Querschnittsebene, sondern aus dieser heraus, senkrecht oder schief zur Mauerachse, erfolgen. Solche Brüche führen jedoch noch nicht zu einer vollständigen Zerstörung der Sperre, da die nach der Seite hin abbrechenden

Teile nicht herausbrechen, sondern die Mauer wieder verspannen. Außerdem wird bei einer vorausgesetzten gleichmäßigen Vergrößerung des ebenen Spannungszustandes, also der beiden Druckspannungen σ_1 und σ_2 infolge der Querdehnung, die in Mauerachse wirkende Zugspannung ganz oder zum Teil wieder aufgehoben. Man wird also letztlich doch σ_1 und σ_2 als für die Festigkeit maßgebend ansehen können, und kann nun die in Abb. 21 gegebenen Beziehungen zum Einzeichnen der Kurven gleicher Anstrengung, sowie der gefährlichsten Fugen in den Querschnitten benutzen.

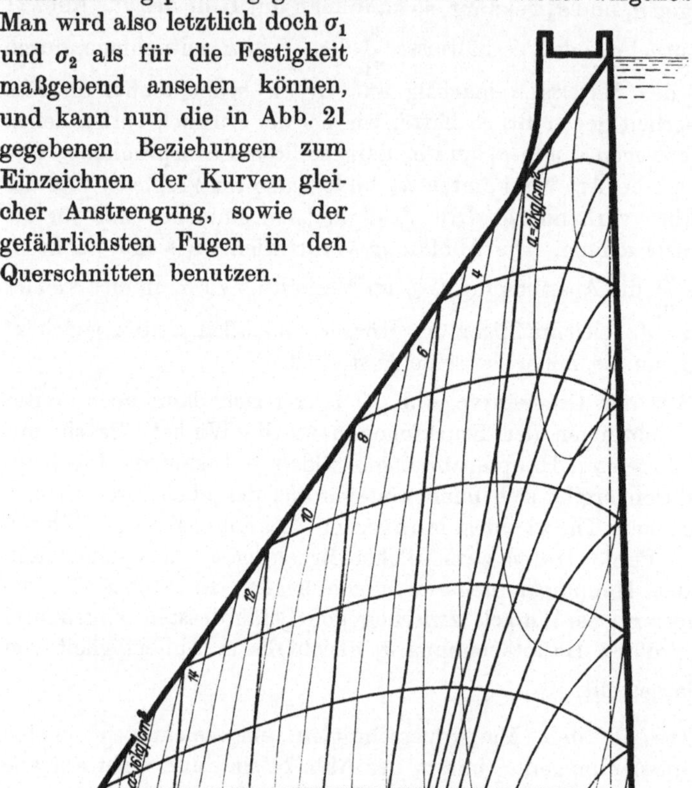

Abb. 22. Kurven gleicher Anstrengung und gefährlichste Fugen im Profil der Schwarzenbachsperre.

Die Kurven gleicher Anstrengung seien zur Abkürzung als a-Kurven bezeichnet. Denkt man sich auf obige Werte über den ganzen Mauerquerschnitt aus den σ_1 und σ_2 die k_d-Werte bestimmt, so bilden die a-Kurven die Verbindungslinien der gleichbezifferten k_d-Werte. In der Konstruktion wird von der Darstellung des σ_1 und σ_2 auf Abb. 14 ausgegangen. Da auf einem durch die Spitze des Grunddreiecks gehenden Strahl das Verhältnis von σ_1 zu σ_2 dasselbe ist, ändert sich auf diesem auch k_d zu σ_1 nicht. Man kann also die a-Kurven auf ähnliche einfache Weise von der Fundamentfuge aus konstruieren wie die Hauptspannungskurven. Aus der Konstruktionsfigur 14a bestimmt man für die dort herausgegriffenen Punkte mit der Beziehung Abb. 21 die Werte k_d, sowie die Richtungen der Bruchfugen. Auf den Verbindungslinien mit der Grunddreiecksspitze bleiben dann die Richtungen der gefährlichsten Fugen unveränderlich, während die k_d oder die ihnen gleichen a-Werte proportional nach der Spitze zu abnehmen. Auf diese Weise ist die Abb. 22 konstruiert und die a-Kurve schwach, die gefährlichsten Kurven stärker ausgezogen. Am luftseitigen Rande fallen die a-Werte mit den gleichbezeichneten σ_1 zusammen, da dort σ_2 verschwindet, also reine einachsige Druckspannung vorliegt. Nach dem Innern der Mauer tritt noch eine langsam wachsende Druckspannung σ_2 hinzu. Dadurch kann bei gleicher Bruchsicherheit ein größeres σ_1 aufgenommen werden, die a-Kurve senkt sich also schneller als die σ_1-Kurve.

Die ursprüngliche Vermutung, daß die a-Kurven mit den σ_1-Kurven etwa zusammenfallen, zeigt sich doch nun als recht grobe Annäherung. Sie trifft wohl in nächster Nähe der Luft- und Wasserseite zu, im Innern der Mauer ist das Material doch weniger, an den günstigsten Stellen — den Säcken der a-Kurven — fast um die Hälfte weniger angestrengt, als die σ_1-Kurven angeben. Dagegen weichen die Richtungen der gefährlichsten Fugen von den Hauptschubspannungsrichtungen nicht sehr viel ab. Im großen ganzen laufen sie lotrecht und wagerecht, besonders am hauptsächlich gefährdeten luftseitigen Rand. Arbeitsfugen in diesen Richtungen sind möglichst zu vermeiden, und es ist ersichtlich, wie wichtig bei der Ausführung in Gußbeton eine gute gegenseitige Verzahnung der einzelnen Baublöcke in ihren lotrechten und wagerechten Fugen ist.

Die a-Kurven können als Grundlage dafür dienen, in welcher Art man beim rationellen Bauen die Betongüte an die Anstrengung anzupassen hat. Wie diese Anpassung im einzelnen erfolgt, hängt zu sehr von der Größe des Bauwerks, Bauplanung und Baustelleneinrichtung ab, als daß an dieser Stelle weiter darauf eingegangen werden könnte.

IV. Der Abstand der Dehnungsfugen.

Unter dem Einfluß des Schwindens und der Abnahme der Abbindetemperatur entstehen in der Längsrichtung einer Betonsperrmauer langsam wachsende Zugspannungen, denen der Mauerkörper trotz weiterschreitender Erhärtung nicht gewachsen ist und die demnach Risse, die den ganzen Mauerkörper durchsetzen, zur Folge haben, falls man nicht in geeigneten Abständen schon von vornherein Dehnungsfugen freiläßt.

Das Schwinden und auch die Abkühlung kommen nur langsam und erst im Verlauf von längeren Zeitabschnitten zur vollen Auswirkung. Der Schwindvorgang wird wohl erst nach Ablauf von fünf Jahren annähernd abgeschlossen sein; der Temperaturabfall im Innern eines großen Mauerkörpers braucht noch längere Zeit, wie aus Messungen und auch aus theoretischen Betrachtungen[1] hervorgeht. So ist es erklärlich, daß größere Risse sich erst im Laufe von Jahren ausbilden. Nach einer längeren Zeit wird dann der Einfluß der fortschreitenden Verfestigung den des Schwindens und der Abkühlung überwiegen, neue Risse treten dann nicht mehr auf und das Bauwerk kommt zur Ruhe.

In Amerika, wo sich der Bau von Betonsperrmauern früher entwickelte als bei uns, wurde man durch die Erfahrung bald von der Notwendigkeit künstlicher Dehnungsfugen belehrt. Über ihren Abstand war man auf das Gefühl und auf wenige Erfahrungen angewiesen. Früher nahm man im Mittel 30 m, bei neueren Sperren geht man bis auf 15 m herunter; einfache Überlegungen sagen einem, daß bei hohen Sperren der Abstand größer sein darf als bei niedrigeren.

Der Versuch, den Abstand dieser Dehnungsfugen rechnerisch vorauszubestimmen, muß schon deshalb auf große Schwierigkeiten stoßen, weil man über die Größe, Verteilung und den Fortgang des Schwindens bei solchen Mauermassen nicht gerade viel sagen kann. Immerhin kann doch eine theoretische Untersuchung der Frage über Grenzwerte und die Abhängigkeit von den Abmessungen des Querschnitts klareren Aufschluß geben, so daß sie trotz mancher Unsicherheiten doch unmittelbar praktischen Wert haben dürfte.

---

[1] Siehe Lydtin: Temperaturänderungen in Betonkörpern. Bauing. 1924.

Über den Spannungszustand in Mauerkörpern unter dem Einfluß des Schwindens hat Engesser schon vor einigen Jahren grundlegende Untersuchungen veröffentlicht[1]. Die folgenden Betrachtungen werden sich im wesentlichen an seinen Gedankengang anlehnen.

Schwind- und Temperaturspannungen sind grundsätzlich wesensgleich. Zur Abkürzung soll daher in folgendem nur von Wärmespannungen gesprochen werden, wobei das Maß wt das gesamte Verkürzungsmaß aus Schwinden und Temperaturabnahme bezeichne.

Engesser betrachtet zuerst einen im Verhältnis zur Höhe langen Mauerkörper (Abb. 23), der eine gleichmäßige Temperaturabnahme um t^0 erleidet. Er unterscheidet einen mittleren Teil, in dem die volle Wärmespannung $\sigma = E\,wt$ zur Ausbildung kommt, von den beiden Endteilen, in denen der im

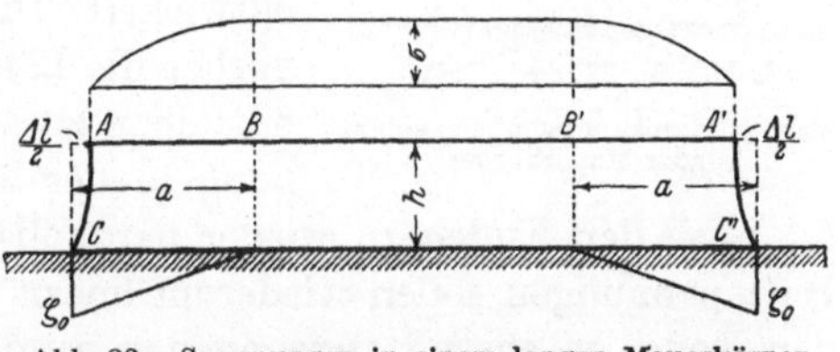

Abb. 23. Spannungen in einem langen Mauerkörper nach Engesser.

Mittelteil wirkende Zug durch Vermittlung von Haftspannungen auf den festen Untergrund übertragen wird, wobei die Zugspannungen dann nach dem Maß dieser Übertragung abnehmen. Die Haftspannungen nimmt Engesser auf die Länge a dieser Endkörper linear nach außen steigend an; dem entspricht eine parabolische Abnahme der Längsspannungen σ.

Zur Bestimmung der größten Haftspannung ζ_0 und der Länge a stehen zwei Gleichungen zur Verfügung. Einmal muß die gesamte Haftkraft gleich der gesamten Zugkraft sein. Dann muß sich die Verschiebung $\frac{\Delta l}{2}$ gleich groß ergeben, ob man sie durch die Längsspannungen σ in Richtung BA oder durch die Schubspannungen ζ in Richtung CA errechnet. Die Schubspannungen nimmt Engesser dabei linear nach oben abnehmend an.

Ist nun die Blocklänge l kleiner als $2\,a$, so kann die volle Wärmespannung $E\,wt$ nicht mehr zur Ausbildung kommen.

---

[1] Engesser: Über die Wärmespannungen von Mauerkörpern, insbesondere von Stütz- und Staumauern. Z. Arch. Ing.-Wes. 1920.

Engesser nimmt an, daß sie nach einer Parabel mit fallender Blocklänge abnimmt, also nach folgender Formel mit l zusammenhängt:

$$\sigma_1 = E\,wt\left(1 - \left(1 - \frac{l}{2\,a}\right)^2\right).$$

Bestimmt man nach dieser Beziehung l aus der zulässigen Zugspannung σ_1, so kommt man zu Blocklängen, die weit kleiner sind als die erfahrungsmäßigen. Es sei deshalb an Hand der Abb. 24 eine andere Beziehung in unmittelbarer Anlehnung an die obigen Gedankengänge entwickelt. Die beiden Endkörper, die vorher die Länge a hatten, stoßen unmittelbar zusammen. σ_1 sei die Spannung in der Mitte der oberen Faser,

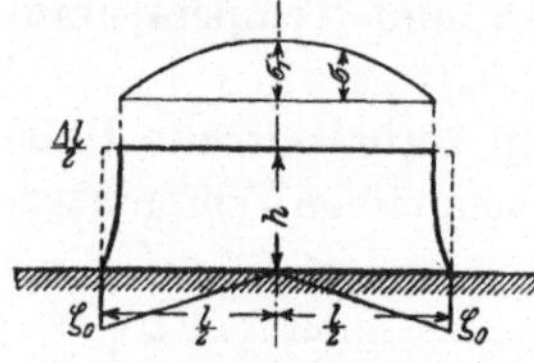

Abb. 24. Spannungen in einem kurzen Mauerkörper.

die nach den Enden zu wieder parabolisch abnehmen soll. Die Haftspannungen sollen wiederum linear von der Mitte aus nach den Enden wachsend angenommen werden. Die Zugkraft T im mittleren Querschnitt sei durch

$$T = \sigma_1 F\,\gamma$$

ausgedrückt. Der Faktor γ, den ich hier einführe, gibt das Verhältnis der Zugspannung σ_1 in der oberen Faser zur mittleren Zugspannung im Querschnitt. Er ist abhängig von der Verteilung des Verkürzungsmaßes wt (aus Schwinden und Temperatur) über den Querschnitt und kann vorläufig nur geschätzt werden. Diese Zugkraft T ist gleich der Haftkraft über der Strecke $\frac{l}{2}$, also

$$\frac{\zeta_0\,\dfrac{l}{2}\,b}{2} = T = \sigma_1 F\,\gamma, \tag{25}$$

wobei b die Sohlenbreite der Mauer bedeutet. Errechnet man nun die Verkürzung $\dfrac{\Delta l}{2}$ aus der oberen Faser, so wird

$$\frac{\Delta l}{2} = \int_0^{\frac{l}{2}} \left(wt - \frac{\sigma}{E}\right) dx = \frac{wt\,l}{2} - \int_0^{\frac{l}{2}} \frac{\sigma}{E}\,dx;$$

bei dem vorausgesetzten parabolischen Spannungsverlauf der σ von σ_1 bis 0 wird

$$\int_0^{\frac{l}{2}} \frac{\sigma}{E}\, dx = \frac{2}{3}\,\frac{l}{2}\,\frac{\sigma_1}{E} = \frac{l\sigma_1}{3\,E}, \quad \text{also} \quad \frac{\Delta l}{2} = l\left(\frac{w\,t}{2} - \frac{\sigma_1}{3\,E}\right). \qquad (26)$$

Aus den Schubspannungen ζ ergibt sich andererseits

$$\frac{\Delta l}{2} = \int_0^h \frac{\zeta}{G}\, dx.$$

Engesser nimmt diese Schubspannungen linear von ζ_0 bis 0 fallend an. Ihr Verlauf wird auch von der Querschnittsgestalt sowie der Verteilung von $w\,t$ über den Querschnitt bedingt sein. Um einen allgemeineren Ausdruck zu bekommen, sei angesetzt

$$\frac{\Delta l}{2} = \frac{\zeta_0}{G} \int_0^h \frac{\zeta}{\zeta_0}\, dx = \frac{\zeta_0}{G}\, h\, \vartheta. \qquad (27)$$

Der Faktor ϑ gibt das Verhältnis der mittleren Schubspannung zur größten an der Sohle, die gleich der Haftspannung ist, an. Er ist bei lineraer Abnahme gleich $\frac{1}{2}$ und wird auch in Wirklichkeit jedenfalls nur wenig davon abweichen. Gleichungen (26) und (27) liefern dann zusammen

$$\frac{\zeta_0\,h\,\vartheta}{G} = l\left(\frac{w\,t}{2} - \frac{\sigma_0}{3\,E}\right). \qquad (28)$$

Die beiden Gleichungen (25) und (28) bestimmen nun das Problem vollständig. Eliminiert man aus ihnen ζ_0, nimmt man außerdem G zu $\frac{3}{7}\,E$ an $(m = 6)$, setzt allgemein $F = \beta b h$, so erhält man für die Blocklänge den Ausdruck

$$l = \frac{2\,h\,\sqrt{14\,\beta\,\gamma\,\vartheta}}{\sqrt{3\,\dfrac{E\,w\,t}{\sigma_1} - 2}}, \qquad (29)$$

der sich noch einfacher schreiben läßt:

$$l = \frac{L_0}{\sqrt{3\,\dfrac{E\,w\,t}{\sigma_1} - 2}}. \qquad (30)$$

L_0 ist hierbei der Grenzwert, den l annimmt, falls die Zug-

58 Der Abstand der Dehnungsfugen.

festigkeit des Baustoffs σ_1 gleich $E\,wt$, der vollen Wärmespannung wird.

Für den Fugenabstand ist somit ein sehr einfacher und durchsichtiger Ausdruck gewonnen. Er ist einmal direkt der Mauerhöhe proportional, ferner abhängig von $\dfrac{E\,wt}{\sigma_1}$ dem Verhältnis der vollen Wärmespannung zur Zugfestigkeit des Baustoffs, außerdem noch von drei Faktoren, β, γ, ϑ. Hiervon ist β unmittelbar durch die Querschnittsform gegeben und bei dreieckförmigen Talsperrenkörpern gleich $\tfrac{1}{2}$ zu setzen. ϑ und γ sind mehr oder weniger zu schätzen; kleine Fehler fallen dabei jedoch nicht so sehr ins Gewicht, weil beide unter der Wurzel vorkommen.

Neue Sperrenbauten werden wohl alle in Gußbeton errichtet. Für diesen hat Bethke im Institut für Beton und Eisenbeton der Technischen Hochschule Karlsruhe Messungen ausgeführt[1], die die zusammengehörigen Dehn-, Schwind- und Festigkeitsmaße nach 28 und 90 Tagen zu entnehmen gestatten und die in der folgenden Tabelle zusammengestellt sind. Hierbei ist als Zugfestigkeit die Hälfte der von Bethke gemessenen Biegungszugfestigkeit gesetzt. Als Dehnmaß kommt hier nicht der von Bethke unmittelbar angegebene Wert der federnden Dehnung in Betracht. Es ist aus den gesamten Verkürzungen von der Druckspannung von rund 40 kg/cm² errechnet. Zugdehnungsmessungen sind leider keine gemacht. Das Schwindmaß gibt nur das reine Schwinden, da die Körper sich bei Beginn der Messung (nach 1 bis 2 Tagen) wohl schon vollständig abgekühlt hatten.

Serie		σ_1 kg/cm²		E mittel t/cm²		Schwindmaß mm/m			E/wt σ_1	
		28 T	90 T	28 T	90 T	28 T	90 T	120 T	28 T	90 T
1:6	12 } pla-	10,3	15,7	350	420	0,13	0,28	0,34	4,4	7,5
	16 } stisch	4,2	10,7	210	280	0,13	0,34	0,42	6,6	8,9
	9	9,6	14,1	243	320	0,15	0,33	0,39	3,9	7,5
	17	3,6	8,7	150	180	0,15	0,40	0,49	6,4	8,9
	19 } Guß-beton	3,0	7,3		120					
1:10	25	3,0	7,5		95	0,15	0,31			4,0
	26	2,3	6,0		50	0,14	0,38			3,2

---

[1] Bethke: Das Wesen des Gußbetons. Berlin: Julius Springer 1924.

Leider sind zusammengehörige Beobachtungen nur bis zu 90 Tagen vorhanden. Man sieht aber, wie $\dfrac{E\,w\,t}{\sigma_1}$ im Verlauf von 1 auf 3 Monaten annähernd auf das Doppelte ansteigt, die Rißgefahr also erheblich wächst. Diese ist andererseits bei den mageren und weicheren Mischungen 1 : 10 nicht so groß wie bei den fetteren 1 : 6. Bei den mageren Gußbetonmischungen für Talsperrenbauten wird man das endgültige Schwindmaß mit ungefähr 0,7 mm/m ansetzen können; dazu kommen noch 0,2 mm infolge Abkühlung (20°), $w = \frac{1}{100000}$), so daß $w\,t = 0{,}0009$ anzunehmen ist. E wird etwa 150000 und $\sigma_1 = 10 \text{ kg/cm}^2$ sein. Damit wird

$$\frac{E\,w\,t}{\sigma_1} = \frac{150000 \cdot 0{,}0009}{10} = 13{,}5$$

und

$$l = \frac{2\,h\,\sqrt{14\,\beta\,\gamma\,\vartheta}}{\sqrt{3 \cdot 13{,}5 - 2}} = \frac{2\,h\,\sqrt{14\,\beta\,\gamma\,\vartheta}}{6{,}2}\,.$$

Für $\beta = \frac{1}{2}$ (Dreieckprofil), $\vartheta = \frac{1}{2}$ ergibt sich

$$l = 0{,}6\,h\,\sqrt{\gamma}\,.$$

Der Faktor γ, das Verhältnis der mittleren Spannung zur höchsten (in der obersten Faser) verdient besondere Beachtung. Für die extremen Tagesschwankungen, denen nur die Außenschichten des Betons folgen, wird er sehr klein, die Rißgefahr also recht groß. Diese Risse reichen jedoch nicht weit in die Tiefe, da sich der Beton bei ihrem Auftreten von selbst entspannt. Für die eigentlichen langsam verlaufenden Schwind- und Abkühlungsspannungen wird γ zwischen $\frac{1}{2}$ und 1 liegen. Nimmt man vorsichtigerweise nur $\frac{1}{2}$ an, so wird

$$l = 0{,}42\,h\,.$$

Das gibt bei einer Mauerhöhe von 40 m eine Blockbreite von 17 m, ein Maß, das mit den in neuerer Zeit gebräuchlichen Abständen übereinstimmt.

Auffallend an der Formel ist die direkte Proportionalität der Blockgröße mit der Höhe; niedrige Bauwerke müssen also von selbst in um so mehr Blöcke aufreißen, je kleiner ihre Höhe ist. Das scheint mit der Beobachtung nicht zu stimmen; Straßendecken beispielsweise, die nur wenige Zentimeter stark sind, reißen in Abständen von einigen Metern. Es ist jedoch zu beobachten, daß die Formel unter der Voraussetzung abgeleitet ist, daß der Beton auf einer festen Unterlage unverschieblich haftet, Das kann man bei auf dem Fels gegründeten Talsperrmauern mit gutem Recht annehmen. Bei Stützmauern oder Straßendecken, die auf der Erde aufliegen, ist eine unverschiebliche Haftung keineswegs vorhanden. Für diese kann daher die obige Ableitung keine Geltung haben.

Wie die Abstände der Fugen zu wählen sind, wenn jeweils nur die zweite bis auf die Fundamentsohle, eine dazwischen liegende nur bis auf die halbe Tiefe durchgeführt wird, soll hier nicht weiter behandelt werden. Eine wesentliche Ersparnis an Fugenlänge ergibt sich durch diese insbesondere aus der amerikanischen Praxis bekannt gewordenen Anordnung nicht.

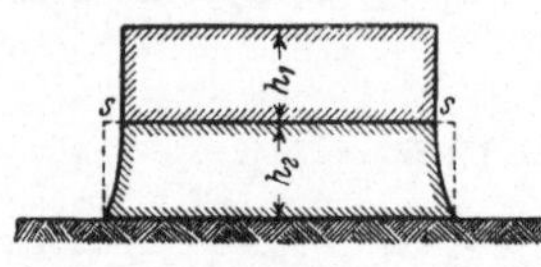

Abb. 25. Schichtweise erbauter Mauerkörper.

In den obigen Ableitungen war vorausgesetzt, daß der Mauerkörper vor Eintritt des Schwindens gewissermaßen in einem Guß hergestellt sei. In Wirklichkeit wird er jedoch schichtweise aufgeführt und die unteren Schichten sind schon in den Schwind- und Erhärtungsprozeß eingetreten, bevor die oberen Schichten aufgebracht sind. Es ist zu überlegen, wie dadurch die oben gewonnenen Ergebnisse beeinflußt werden. Man kann allgemein folgendes sagen:

Wenn der untere Mauerteil h_2 (Abb. 25) schon mit Schwinden begonnen hat, so hat sich die Linie s—s schon etwas zusammengezogen, bevor der obere Mauerteil h_2 aufgebracht wird, den Verkürzungsbestrebungen der unteren Fasern von h_2 können also die oberen Fasern von h_2 nicht mehr in dem Maße nachgeben, wie wenn innerhalb h_2 ein Schwinden noch nicht erfolgt wäre. h_1 wird infolgedessen größere Zugspannungen erleiden, als wenn der Mauerkörper aus einem Guß hergestellt wird. Die Spannungsverhältnisse werden also in Wirklichkeit wohl noch etwas ungünstiger zu erwarten sein, als nach obigen Ableitungen.

Festigkeitslehre. Von **George Fillmore Swain,** Professor an der Harvard Universität, New York. Autorisierte Übersetzung von Dr.-Ing. **A. Mehmel,** Hannover. Mit 463 Textabbildungen. XVIII, 630 Seiten. 1928. Gebunden RM 34.—

Festigkeitslehre. Von Prof. **S. Timoshenko** und Masch.-Ingenieur **J. M. Lessells.** Ins Deutsche übertragen von Dr. **J. Malkin,** Ingenieur. Mit 391 Abbildungen im Text. XVIII, 484 Seiten. 1928. Gebunden RM 28.—

Die Kraftfelder in festen elastischen Körpern und ihre praktischen Anwendungen. Von Privatdozent Dr.-Ing. **Th. Wyss,** Danzig. Mit 432 Abbildungen im Text und auf 35 Tafeln. IX, 368 Seiten. 1926. Gebunden RM 25.50

Spannungskurven in rechteckigen und keilförmigen Trägern. Theorie und Versuch über Spannungsverteilung als Scheibenproblem mit besonderer Berücksichtigung der lokalen Störung. Von Prof. **Akira Miura,** Kioto. Mit 142 Abbildungen im Text und auf 6 Tafeln. V, 111 Seiten. 1928. RM 11.—; gebunden RM 12.50

Die Knickfestigkeit. Von Privatdozent Dr.-Ing. **Rudolf Mayer,** Karlsruhe. Mit 280 Textabbildungen und 87 Tabellen. VIII, 502 Seiten. 1921. RM 20.—

Elastizität und Festigkeit. Die für die Technik wichtigsten Sätze und deren erfahrungsmäßige Grundlage. Von Prof. Dr.-Ing. **C. Bach** und Prof. **R. Baumann,** Stuttgart. Neunte, vermehrte Auflage. Mit in den Text gedruckten Abbildungen, 2 Buchdrucktafeln und 25 Tafeln in Lichtdruck. XXVIII, 687 Seiten. 1924. Gebunden RM 24.—

Die gewöhnlichen und partiellen Differenzengleichungen der Baustatik. Von Dr.-Ing. **Friedrich Bleich** und Prof. Dr.-Ing. **Ernst Melan.** Mit 74 Abbildungen im Text. VII, 350 Seiten. 1927. Gebunden RM 28.50